この本の特色としくみ

　本書は, 中学2年のすべての内容を3段階のレベルに分け, それらをステップ式で学習できる問題集です。各単元は, Step1(基本問題)とStep2(標準問題)の順になっていて, 章末にはStep3(実力問題)があります。また, 巻頭には「1年の復習」を, 巻末には「総仕上げテスト」を設けているため, 復習と入試対策にも役立ちます。

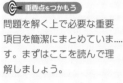

重要点をつかもう
問題を解く上で必要な重要項目を簡潔にまとめています。まずはここを読んで理解しましょう。

確認
前学年で習った内容や「重要点をつかもう」の補足説明などです。

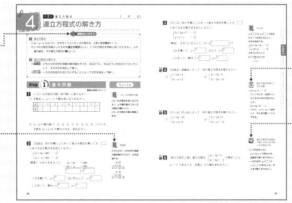

注意
間違ってしまわないように気をつけましょう。

くわしく
より深く理解するために参考となる内容をまとめています。

覚える
覚えておかないといけない重要事項や公式などです。

もくじ

1年の復習

1　正負の数 ……………………… 2
2　文字と式 ……………………… 4
3　1次方程式 …………………… 6
4　比例と反比例 ………………… 8
5　平面図形 ……………………… 10
6　空間図形 ……………………… 12
7　データの整理 ………………… 14

2年

第1章　式の計算

1　多項式の計算 ………………… 16
2　単項式の乗除 ………………… 20
3　式の計算の利用 ……………… 24
Step3 ① …………………………… 28
Step3 ② …………………………… 30

第2章　連立方程式

4　連立方程式の解き方 ………… 32
5　いろいろな連立方程式 ……… 36
6　連立方程式の利用 …………… 40
Step3 ① …………………………… 44
Step3 ② …………………………… 46

第3章　1次関数

7　1次関数の式とグラフ① …… 48
8　1次関数の式とグラフ② …… 52

9　1次関数のグラフと図形 …… 56
10　1次関数の利用 ……………… 60
Step3 ① …………………………… 64
Step3 ② …………………………… 66

第4章　平行と合同

11　平行線と図形の角① ………… 68
12　平行線と図形の角② ………… 70
13　合同な図形 …………………… 74
14　図形と証明 …………………… 76
Step3 ① …………………………… 80
Step3 ② …………………………… 82

第5章　三角形と四角形

15　いろいろな三角形 …………… 84
16　平行四辺形① ………………… 88
17　平行四辺形② ………………… 92
18　平行線と面積 ………………… 96
Step3 ① …………………………… 98
Step3 ② …………………………… 100

第6章　データの活用

19　四分位範囲と箱ひげ図 ……… 102
20　確率 …………………………… 104
Step3 ……………………………… 108

総仕上げテスト ………………… 110

本書に関する最新情報は, 小社ホームページにある**本書の「サポート情報」**をご覧ください。(開設していない場合もございます。)
なお, この本の内容についての責任は小社にあり, 内容に関するご質問は直接小社におよせください。

1 正 負 の 数

解答▶別冊 1 ページ

1 次の計算をしなさい。

(1) $(+2)+(-5)$

(2) $(-7)-(+3)$

(3) $(-6)-(-2)$

(4) $(-4)\times(-9)$

(5) $(-12)\div(+4)$

(6) $(-3)^2$

(7) $\dfrac{1}{2}-\dfrac{5}{6}$

(8) $4-5\times3$

(9) $(4-5)\times3$

重要 **2** 次の計算をしなさい。

(1) $7+(-5)$

(2) $-2-5$

(3) $-7+5$

(4) $(-24)\div6$

(5) $(-2)\times6$

(6) $-9\times\dfrac{4}{3}$

(7) $12-7\times3$

(8) $(-2)^2+6\div(-3)$

(9) $\left(\dfrac{2}{3}-\dfrac{3}{4}\right)\div\dfrac{1}{3}$

(10) $-3^2-(-2)^3$

3 次の数直線で，(1)〜(3)に対応する数を答えなさい。

(1)   (2)   (3)

4 次の数を素因数分解しなさい。

(1) 12   (2) 84   (3) 200

5 次の問いに答えなさい。

(1) 屋外の気温が $-3.5\,℃$ であり，室内の気温が $15.0\,℃$ であった。このとき，室内の気温は屋外の気温より何 ℃ 高いですか。 〔大 阪〕

(2) 次の□と△にどんな自然数を入れても，計算の結果がつねに自然数になるのはどれですか。下の**ア〜エ**の中からあてはまるものをすべて答えなさい。 〔鹿児島〕

　ア □+△　　**イ** □−△　　**ウ** □×△　　**エ** □÷△

(3) 次の**ア〜エ**の中で，もっとも小さい数を選び，記号を書きなさい。 〔長 野〕

　ア -0.05　**イ** -2　**ウ** $\dfrac{1}{1000}$　**エ** 3

(4) 次の**ア〜オ**のうち，絶対値が 2 より大きいものをすべて選び，記号で答えなさい。 〔沖 縄〕

　ア -2　**イ** $-\dfrac{5}{2}$　**ウ** 0　**エ** 3　**オ** $\dfrac{5}{3}$

(5) a, b を負の数とするとき，次の**ア〜エ**の式のうち，その値がつねに負になるものはどれですか。1つ選びなさい。 〔大 阪〕

　ア ab　**イ** $a+b$　**ウ** $-(a+b)$　**エ** $(a-b)^2$

1 年の復習

第 1 章

第 2 章

第 3 章

第 4 章

第 5 章

第 6 章

総仕上げテスト

文字と式

解答▶別冊1ページ

1 次の数量を，文字を使った式で表しなさい。

(1) 1個 a 円のケーキ3個と1個 b 円のケーキ1個を買ったときの代金の合計

(2) 1辺の長さが a cm である正方形の周の長さ

(3) 3つの数 a, b, c の平均

(4) 十の位の数字が a で，一の位の数字が b である2けたの自然数

(5) x m の道のりを分速60 m で歩いたときにかかった時間

2 次の式を計算しなさい。

(1) $5x-x$

(2) $-8a+5-4a$

(3) $(-12x)\div3$

(4) $7a-3-a-1$

(5) $3(2x-5)$

(6) $(14x-21)\div(-7)$

(7) $(3x+4)-(8x-1)$

(8) $3(7x-3)-5(4x-1)$

重要 **3** 次の式を計算しなさい。

(1) $\dfrac{x}{2}-\dfrac{x}{3}$

(2) $8\left(\dfrac{3}{4}a+1\right)$

(3) $-4(3-2x)+(-6x+9)$

(4) $7(a+2)-2(3a-1)$

(5) $\dfrac{7x+2}{3}+x-3$

(6) $\dfrac{2x-1}{3}-\dfrac{3x+1}{5}$

4 $a=2$, $b=-4$, $c=-3$ のとき，次の式の値を求めなさい。

(1) $a-2b$

(2) $a(b+c)$

(3) b^2-4ac

重要 **5** 次の問いに答えなさい。

(1) 「a 本の鉛筆を，5 本ずつ b 人に配ると 3 本余る」という数量の関係を，等式に表しなさい。

〔青　森〕

(2) 中学生 a 人に 1 人 4 枚ずつ，小学生 b 人に 1 人 3 枚ずつ折り紙を配ろうとすると，100 枚ではたりない。このときの数量の間の関係を，不等式で表しなさい。

〔福　島〕

(3) 家から学校までの道のりは 1200 m である。最初の x m を分速 60 m で歩き，残りの道のりを分速 120 m で走った。家から学校までにかかった時間を，x を使った式で表しなさい。

〔大　分〕

5

3 1次方程式

解答▶別冊2ページ

1 次の方程式を解きなさい。

(1) $5x - 60 = 2x$

(2) $x = 3x - 10$

(3) $3x - 8 = 7x + 16$

(4) $4x - 5 = x - 6$

(5) $3(x + 5) = 4x + 9$

(6) $1.3x - 2 = 0.7x + 1$

(7) $\dfrac{2x - 3}{4} = \dfrac{x + 2}{3}$

(8) $\dfrac{x - 6}{8} - 0.75 = \dfrac{1}{2}x$

重要 **2** 次の問いに答えなさい。

(1) x についての方程式 $ax + 9 = 5x - a$ の解が6であるとき，a の値を求めなさい。

〔栃　木〕

(2) 比例式 $6 : 8 = x : 20$ の x の値を求めなさい。

〔秋　田〕

3 連続する 3 つの自然数があり，その 3 つの自然数の和が 72 である。このとき，いちばん小さい自然数を求めなさい。

4 現在，父が 40 歳，息子が 13 歳の親子がいる。父の年齢が息子の年齢の 2 倍になるのは何年後か求めなさい。

5 家から学校まで毎分 60 m の速さで歩いて行くと，時速 12 km の速さで自転車に乗っていくよりも 14 分多くかかった。このとき，家から学校までの道のりは何 km かを求めなさい。

6 何人かの子どもにりんごを配る。1 人 6 個ずつ配ると 9 個余り，9 個ずつ配ると 12 個足りない。このとき，りんごの個数を求めなさい。

7 生徒が 40 人いるクラスで数学のテストをしたところ，クラスの平均点が 60 点で男子の平均点が 57 点，女子の平均点が 62 点だった。このとき，このクラスの男子は何人いるか求めなさい。

1年の復習

第1章

第2章

第3章

第4章

第5章

第6章

総仕上げテスト

4 比例と反比例

解答▶別冊3ページ

重要 1 次のア～エのうち，y が x の関数であるものを1つ選び，その記号を書きなさい。　〔奈良〕

ア 自然数 x の約数 y

イ 気温 x℃ のときの降水量 y mm

ウ 周りの長さが x cm である長方形の面積 y cm²

エ 1 m のテープを x 等分したときの1本分の長さ y cm

2 次のア～エのうち，y が x に比例するものはどれですか。1つ選び，その記号を書きなさい。また，その比例の関係について，y を x の式で表しなさい。　〔岩手〕

ア 1辺の長さが x cm の立方体の表面積は，y cm² である。

イ 700 m の道のりを毎分 x m の速さで歩くと，y 分かかる。

ウ 空の容器に毎分3 L ずつ水を入れると，x 分で y L たまる。

エ ソース 50 g にケチャップ x g を混ぜると，全体の重さは y g である。

3 次の問いに答えなさい。

(1) y は x に比例し，$x=3$ のとき，$y=-6$ である。このとき，y を x の式で表しなさい。

〔長崎〕

(2) y は x に比例し，$x=2$ のとき，$y=-8$ である。$x=-1$ のときの y の値を求めなさい。

〔栃木〕

(3) y は x に比例し，$x=4$ のとき，$y=6$ である。$x=-2$ のときの y の値を求めなさい。

〔香川〕

4 次の問いに答えなさい。

(1) y は x に反比例し，$x=4$ のとき，$y=6$ である。このとき，y を x の式で表しなさい。
〔長崎〕

(2) y は x に反比例し，$x=6$ のとき，$y=-12$ である。$x=-9$ のときの y の値を求めなさい。
〔新潟〕

(3) 右の図は，ある反比例のグラフである。この関数の式を求めなさい。
〔佐賀〕

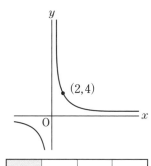

(4) 右の表で，y が x に反比例するとき，□ にあてはまる数を求めなさい。

x	-4	-2	0
y	□	3	×

重要 5 右の図で，曲線①は反比例の関係を表すグラフ，②，③は比例の関係を表すグラフである。点 A は①と②の交点で，その座標は $(2, 6)$，点 B は①と③の交点で，その x 座標は 4 である。座標の 1 目盛りを 1 cm として，次の問いに答えなさい。

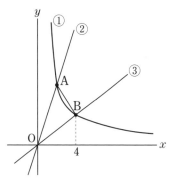

(1) ①のグラフの式を求めなさい。

(2) ③のグラフの式を求めなさい。

(3) 三角形 OAB の面積を求めなさい。

1年の復習

平面図形

（作図には定規とコンパスを用い，作図に用いた線は消さないでおくこと。）

解答▶別冊4ページ

1 右の図のような半径が4cmのおうぎ形OABがあり，中心角の大きさは135°です。

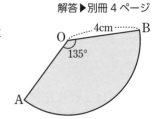

(1) $\overparen{AB}$ の長さを求めなさい。

(2) おうぎ形OABの面積を求めなさい。

重要2 右の図は，1辺の長さが4cmの正方形とおうぎ形を組み合わせたものです。

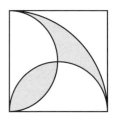

(1) 色のついた部分の周の長さを求めなさい。

(2) 色のついた部分の面積を求めなさい。

3 右の図の四角形ABCDを，直線ℓを軸として対称移動させた図形をかきなさい。

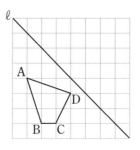

4 右の図の四角形ABCDを，点Pを中心として180°回転移動させた図形をかきなさい。

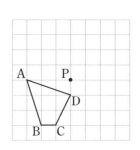

5 右の図において，点 A は線分 BC 上にない点である。点 A を通り，線分 BC が弦となる円の中心 O を作図しなさい。

〔静　岡〕

重要 6 右の図において，3 つの線分 AB，BC，CD のすべてに接する円の中心 P を定規とコンパスを用いて図に作図して求め，その位置を点・で示しなさい。　〔長　崎〕

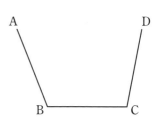

7 右の図の △ABC で，点 A が辺 BC と重なるように，△ABC を折り目が 1 本だけつくように折り返す。折り目を表す線分が辺 BC と平行になるときに，点 A が辺 BC と重なる点を D とする。折り目を表す線と辺 BC 上にある点 D を，定規とコンパスを用いて作図しなさい。　〔鹿児島〕

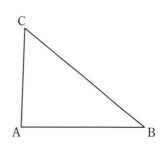

8 右の図のような三角形 ABC がある。次の【条件】①，②を満たす点 P を，定規とコンパスを使い，作図によって求めなさい。　〔高　知〕

【条件】
① 3 点 B，C，P を頂点とする三角形 BCP は，BP＝CP の二等辺三角形である。
② ∠BCP＝∠ACP である。

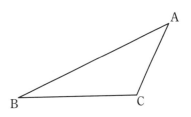

1年の復習

第1章
第2章
第3章
第4章
第5章
第6章
総仕上げテスト

空間図形

解答▶別冊5ページ

1 右の図は，三角柱 ABCDEF である。辺 AB とねじれの位置にある辺は何本あるか答えなさい。　〔富山〕

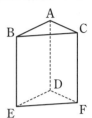

2 右の図は，底面の半径が3cm，高さが9cmの円柱である。この円柱の表面積を求めなさい。　〔奈良〕

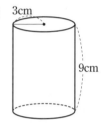

重要 ●3 右の図の円錐の展開図をかくとき，側面になるおうぎ形の中心角の大きさを求めなさい。　〔長崎〕

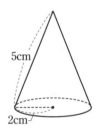

4 右の図は，円錐の投影図であり，立面図は底辺が8cm，面積が36cm² の二等辺三角形である。このとき，この円錐の体積を求めなさい。　〔福島〕

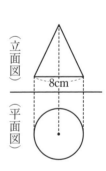

5 右の図のように，半径が2cmの球がある。この球の表面積を求めなさい。　〔北海道〕

6 右の図のように，底面の半径が 2 cm，体積が 24π cm³ の円柱があります。この円柱の高さを求めなさい。〔北海道〕

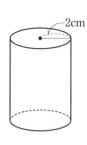

重要 7 右の図のように，半径が 3 cm の球と，底面の半径が 3 cm の円柱がある。これらの体積が等しいとき，円柱の高さを求めなさい。〔佐 賀〕

重要 8 右の図のように，立方体 ABCD-EFGH を，頂点 A，F，G を通る平面で切ったとき，切り口はどんな図形になりますか。

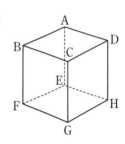

9 右の図のような，AB＝4 cm，BC＝3 cm の長方形 ABCD がある。この長方形を，辺 DC を軸として 1 回転させてできる立体の体積を求めなさい。〔岡 山〕

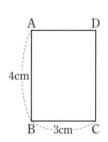

10 右の図のようなおうぎ形 ABE と長方形 BCDE をくっつけた図形を，直線 AC を軸として 1 回転させてできる立体の体積は何 cm³ ですか。ただし，AB＝BE＝2 cm，BC＝3 cm とする。〔長 崎〕

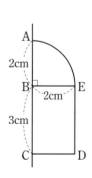

7 データの整理

【　　月　　日】

解答▶別冊5ページ

1 次の資料は，20人の生徒が行った，あるゲームの得点を示したものである。これを，右の表に整理した。　　〔長崎〕

```
2 4 1 5 4 3 2 0 3 2
5 4 4 3 2 4 5 2 5 4
```
（単位は点）

得点(点)	人数(人)
0	
1	
2	①
3	
4	
5	
計	20

(1) 表の　①　に入る値を求めなさい。

(2) 最頻値(モード)を求めなさい。

(3) 中央値(メジアン)を求めなさい。

重要2 右の表は，ある農家でとれたみかん50個の重さを度数分布表にまとめたものである。

(1) x, y にあてはまる数をそれぞれ求めなさい。

階級(g)	度数(個)	累積度数(個)
以上　　　　未満		
80～ 90	4	4
90～100	9	13
100～110	13	26
110～120	x	42
120～130	6	y
130～140	2	50
合計	50	

(2) 最頻値(モード)を求めなさい。

(3) 120 g 以上 130 g 未満の階級の相対度数を求めなさい。

(4) 90 g 以上 100 g 未満の階級の累積相対度数を求めなさい。

重要 **3** 右の図は，あるクラスの生徒 20 人が冬休みに読んだ本の冊数を，ヒストグラムに表したものである。この 20 人が読んだ本の冊数について述べた文として適切なものを，次の**ア～エ**のうちから 1 つ選び，記号で答えなさい。 　〔千葉〕

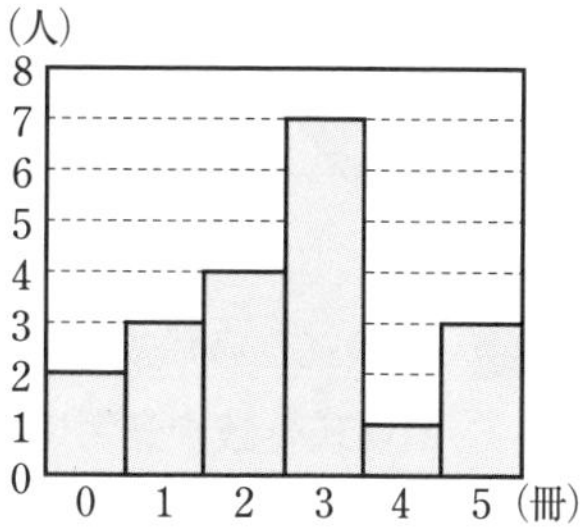

(人)

ア 分布の範囲(レンジ)は，4 冊である。

イ 最頻値(モード)は 5 冊である。

ウ 中央値(メジアン)は，3 冊である。

エ 平均値は 2.3 冊である。

4 右の表は，A 中学校のバスケットボール部員 2，3 年生 24 人の握力について調査し，まとめたものである。

〔北海道−改〕

(1) 表のア～エにあてはまる数をそれぞれ書きなさい。

階級(kg)	階級値(kg)	度数(人)	(階級値)×(度数)
以上　　未満			
10〜20	15	3	45
20〜30	25	ア	ウ
30〜40	35	イ	280
40〜50	45	2	90
50〜60	55	1	55
計		24	エ

(2) 表から，24 人の握力の平均値を求めなさい。

記述式 (3) 後日，1 年生 6 人の握力を調査し，表に加えたところ，6 人の握力は同じ階級に入り，表から求めた 30 人の握力の平均値は 29 kg だった。1 年生 6 人の入った階級を次のように求めるとき，□□□□ に解答の続きを書き入れて，解答を完成させなさい。

(解答)

　30 人の握力の平均値が 29 kg であることから，30 人の(階級値)×(度数)の合計は，

多項式の計算

◀ 重要点をつかもう

1 単項式と多項式

①**単項式**…数や文字についての乗法だけでつくられた式。　例　$3x$，$-2a^2b$

②**多項式**…単項式の和の形で表された式。　　例　$4x+2$，$5a^2-2a+4$

③**単項式の次数**…かけられている文字の個数。

④**多項式の次数**…各項の次数のうちで最も大きいもの。

⑤次数が1の式を**1次式**，次数が2の式を**2次式**という。

2 同類項

文字の部分が同じ項を**同類項**という。同類項は1つの項にまとめておく。

$ma+na=(m+n)a$　　例　$7x+3x=(7+3)x=10x$

Step 1 基本問題

解答▶別冊6ページ

1 [多項式の項] 次の多項式の項をいいなさい。

(1) $5a+6b$

(2) $3x-2y+4$

(3) $\dfrac{3}{4}x-y^2-\dfrac{1}{7}$

(4) $2mn+8m^2n-6mn^2+9$

2 [係数と次数] 次の単項式の次数と，文字の係数を求めなさい。

(1) $4xy$

(2) $-a^3$

(3) $\dfrac{3}{5}x^3y^2$

重要 **3** [多項式の次数] 次の式は何次式ですか。

(1) $-3x+6y$

(2) $2x^2-4x+1$

(3) $m^2n-mn+7m$

(4) $-s^3t^3+\dfrac{s^2}{8}$

Guide

 単項式

x や -6 などの1つの文字や1つの数も単項式である。

 多項式の項

多項式をつくっている1つ1つの単項式を多項式の項という。

例　$6x-7$ は $6x+(-7)$ と書けるから多項式であり，項は，$6x$，-7

確認 係数

文字をふくむ項で，数の部分をその文字の係数という。

例　$-3x$ の係数は -3

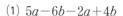 **4** [同類項をまとめる] 次の式の同類項をまとめなさい。

(1) $5a-6b-2a+4b$ (2) $x^2-7x-3x-5x^2$

(3) $6ab-3a-5ab+3a$ (4) $\dfrac{2}{3}x-\dfrac{1}{2}y-x+\dfrac{4}{3}y$

5 [多項式の加法] 次の計算をしなさい。

(1) $(2x+y)+(3x+5y)$ (2) $(3a-2b)+(-3a+7b)$

(3) $\begin{array}{r} 3x-2y \\ +)\ -x+6y \\ \hline \end{array}$ (4) $\begin{array}{r} 2a-4b-3 \\ +)\ -3a-\ b+5 \\ \hline \end{array}$

6 [多項式の減法] 次の計算をしなさい。

(1) $(3x+5y)-(2x-4y)$ (2) $(7a-4b)-(-6a+8b)$

(3) $\begin{array}{r} 6x-7y \\ -)\ -x+5y \\ \hline \end{array}$ (4) $\begin{array}{r} 3x+7y \\ -)\ 4x+7y-8 \\ \hline \end{array}$

7 [式と数の乗除] 次の計算をしなさい。

(1) $-3(2a-5b)$ (2) $(8x-10y-4)\times\left(-\dfrac{1}{2}\right)$

(3) $(15a-20b)\div5$ (4) $(-14x^2+35x-7)\div(-7)$

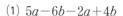 **8** [いろいろな計算] 次の計算をしなさい。

(1) $4(3x-2y)-3(2x-6y)$ (2) $\dfrac{3a-4b}{10}+\dfrac{a+2b}{5}$

 同類項

$7x^2$ と $-3x$ はどちらも x をふくんでいるが，次数がちがうので，同類項ではない。

 多項式の加法・減法

符号に注意してかっこをはずしてから計算する。

▶ $+(\ \ )$は，そのままかっこをはずし，同類項をまとめる。

▶ $-(\ \ )$は，かっこ内の符号を変えてかっこをはずし，同類項をまとめる。

 多項式と数の乗法・除法

▶ 多項式と数の乗法は，分配法則を利用する。

$a(b+c)=ab+ac$

$(a+b)\times c=ac+bc$

▶ 多項式と数の除法は，わる数を逆数にして乗法になおす。

$(a+b)\div c=(a+b)\times\dfrac{1}{c}$

1年の復習　第1章　第2章　第3章　第4章　第5章　第6章　総仕上げテスト

【　月　日】

Step 2 標準問題

時間 30分　合格点 80点　得点 点

解答▶別冊 7 ページ

重要 **1** 多項式 $x^2y-xy^2-4x+9y+2$ について，次の問いに答えなさい。(4点×3)

(1) この式は何次式ですか。

(2) 項(こう)をすべて答えなさい。

(3) 項 $-xy^2$ の係数を答えなさい。

2 次の計算をしなさい。(3点×4)

(1) $0.2x-3y+4x+1.2y$

(2) $5a+2b-1-b-3a+5$

(3) $\frac{x}{3}-\frac{y}{2}+\frac{x}{2}-\frac{3}{4}y$

(4) $\frac{1}{5}x^2y-xy^2+x^2y-\frac{1}{3}xy^2$

重要 **3** 次の計算をしなさい。(3点×6)

(1) $(7x-5y)-(2x+y)$ 〔和歌山〕

(2) $2(7x-3y)+(3x+5y)$ 〔広　島〕

(3) $a-b-3(a-2b)$ 〔長　野〕

(4) $2(2x-5y)-(7x-9y)$ 〔大　分〕

(5) $3(a+3b)-4a-b$ 〔大　阪〕

(6) $8(x-y)-(7x-10y)$ 〔熊　本〕

4 次の計算をしなさい。(3点×6)

(1) $3(x-2y)+2(2x+y)$ 〔沖 縄〕

(2) $-(2a+b)+3(a-b)$ 〔宮 崎〕

(3) $3(2x+y)-5(x-3y)$ 〔山 形〕

(4) $2(-a+5b-3)-(3a+7b-6)$ 〔愛 媛〕

(5) $3(2a-b)-4(a-b+1)$ 〔岡 山〕

(6) $4(x-3y+2)-9(2x-y)$ 〔福 井〕

5 次の計算をしなさい。(4点×4)

(1) $(x^2-2x-1)+(-2x^2+4)$

(2) $-5a-\{b-3(b-2a)\}$

(3) $10\left(\dfrac{3}{5}a-\dfrac{1}{2}b\right)-2(a+3b)$ 〔京 都〕

(4) $6\left(\dfrac{x-2y}{3}-\dfrac{x-3y}{2}\right)$ 〔群 馬〕

6 $A=3x-2y$, $B=-5x$, $C=x-4y$ のとき，次の計算をしなさい。(4点×2)

(1) $A+B-C$

(2) $A-2(B+C)-C$

重要 **7** 次の計算をしなさい。(4点×4)

(1) $\dfrac{x-2y}{6}+\dfrac{x+y}{8}$ 〔熊 本〕

(2) $\dfrac{5a-b}{2}-\dfrac{2a-4b}{3}$ 〔島 根〕

(3) $\dfrac{3a+b}{4}-\dfrac{a-b}{6}$ 〔大 阪〕

(4) $4x-6y+\dfrac{x+7y}{2}$ 〔熊 本〕

ヒント

5 (4) 分配法則とかっこを使って，$2(x-2y)-3(x-3y)$ として，さらにかっこをはずす。

6 (2) A, B, C についての式をまず簡単にする。それから，x，y の式を代入して計算する。

2 単項式の乗除

⊙◀ 重要点をつかもう

1 単項式の乗法・除法

①単項式の乗法では，係数の積に文字の積をかける。 例 $2a \times 5b = 10ab$
係数の積↗ ↖文字の積

②単項式の除法は，式を分数の形で表すか，逆数を用いて除法を乗法になおして計算する。

例 $6ab \div 2a = \dfrac{6ab}{2a} = 3b$ $\dfrac{1}{3}x^2 \div \dfrac{3}{4}x = \dfrac{x^2}{3} \times \dfrac{4}{3x} = \dfrac{x^2 \times 4}{3 \times 3x} = \dfrac{4}{9}x$
分数の形に↗ 逆数をかける↗

2 乗法と除法の混じった計算

乗法と除法の混じった式の計算は，乗法だけの式になおして計算する。

例 $4a \div 3b \times \dfrac{1}{2}ab = 4a \times \dfrac{1}{3b} \times \dfrac{ab}{2} = \dfrac{4a \times ab}{3b \times 2} = \dfrac{2a^2}{3}$

Step 1 基本問題

解答▶別冊8ページ

1 [単項式の乗法・除法] 次の計算をしなさい。

(1) $9x \times (-6y)$

(2) $(-3a) \times 4ab^2$

(3) $2xy \times \left(-\dfrac{x}{4}\right)$

(4) $\dfrac{2}{3}a^2 \times (-3b)$

(5) $12m^2 \div 4m$

(6) $3x^2 \div (-3x)$

(7) $8a^2b \div (-4ab)$

(8) $6a^2b^3 \div \dfrac{2}{3}ab$

2 [累乗] 次の計算をしなさい。

(1) $(-3x)^2$

(2) $(-2a)^3$

(3) $(-4ab^2)^3$

(4) $\left(-\dfrac{2}{5}x^2y\right)^2$

3 [乗法と除法の混じった計算] 次の計算をしなさい。

(1) $2x \times 3x^2 \div x^3$

(2) $8a^2 \div (-2a) \div 3a$

(3) $6x^3 \times \left(-\dfrac{2}{3}x\right) \div \dfrac{1}{2}x^2$

(4) $\dfrac{3}{4}x^2 \div 3x \times \dfrac{2}{5}x$

4 [累乗と乗法・除法] 次の計算をしなさい。

(1) $(-2a^2) \times (-2a)^2$

(2) $(-3xy)^2 \times xy^2$

(3) $(0.5xy)^3 \times (-2x)^2$

(4) $(-3ab)^2 \div 9ab$

(5) $\left(-\dfrac{x}{2}\right)^3 \div 3x^2$

(6) $(-2xy^2)^2 \div (-xy)^2$

5 [乗法と除法の混じった計算] 次の計算をしなさい。

(1) $4x^2 \times 3y \div (-2x)$

(2) $6ab^3 \div (-3b) \div a$

(3) $4ab^2 \div (-2a^2) \times (-6a)$

(4) $-2xy \times (-5x) \div \dfrac{1}{2}y$

(5) $6a^3 \div (-2b)^2 \times 2b^3$

(6) $(-2x^2y^3) \times 3xy \div 4x^3y^2$

6 [式の値] $a=-3$, $b=2$ のとき，次の式の値を求めなさい。

(1) $3(a+2b)-(a-4b)$

(2) $12ab^2 \div (-6b)$

1年の復習
第1章
第2章
第3章
第4章
第5章
第6章
総仕上げテスト

くわしく　乗除の混じった計算

乗除の混じった計算では，
①符号の決定(－の数)
②係数の計算 ⎤約分
③文字の計算 ⎦
の順にしていくとよい。

注意　累乗の計算

累乗では，指数やかっこに注意する。
$-2xy^2 = -2 \times x \times y \times y$
$-2(xy)^2 = -2 \times xy \times xy$
$(-2xy)^2 = (-2xy) \times (-2xy)$

注意　式の値

文字に負の数を代入したり，分数を代入するときは，( )をつけよう。

例　$x=-2$　$y=\dfrac{3}{2}$ のとき，

$2xy^2 = 2 \times (-2) \times \left(\dfrac{3}{2}\right)^2$

$\qquad = -9$

解答▶別冊9ページ

1 次の計算をしなさい。(2点×6)

(1) $\dfrac{1}{2}a \times 4b$　〔山　口〕　(2) $4a \times ab^3$　〔栃　木〕

(3) $6ab \times \dfrac{1}{3}b$　〔岡　山〕　(4) $(-a)^2 \times 7a$　〔奈　良〕

(5) $9xy^2 \times \dfrac{x^2}{3}$　〔長　崎〕　(6) $(-3a)^2 \times (-2a^3)$　〔沖　縄〕

2 次の計算をしなさい。(2点×6)

(1) $14a^2b \div 2b$　〔神奈川〕　(2) $10ab \div (-2a)$　〔岡　山〕

(3) $(-10ab^2) \div 5ab$　〔山　口〕　(4) $(-3ab)^2 \div 6ab^2$　〔群　馬〕

(5) $(-8x^2y)^2 \div 4xy$　〔大　阪〕　(6) $(-2xy)^2 \div (-6x^2y)$　〔福　井〕

重要 **3** 次の計算をしなさい。(4点×6)

(1) $a^3 \times 6b^2 \div ab$　〔奈　良〕　(2) $2x \times 6x^2y \div 4xy$　〔山　梨〕

(3) $15xy^2 \div 6x^2y \times (-2xy)^2$　〔大　分〕　(4) $(-4a)^2 \times \dfrac{1}{4}b \div 2ab$　〔秋　田〕

(5) $4xy^2 \div (-6y)^2 \times 9x$　〔愛　知〕　(6) $(-6ab)^2 \div (-3a) \div 4ab$　〔熊　本〕

4 次の問いに答えなさい。(4点×2)

(1) $x=3$, $y=-1$ のとき，$20x^2y \div 15x \times 6y$ の値を求めなさい。 〔青 森〕

(2) $x=\dfrac{1}{3}$, $y=-1$ のとき，$12x^2y^2 \div (-4x)$ の値を求めなさい。 〔北海道〕

5 次の計算をしなさい。(4点×6)

(1) $a^5b^6 \div a \times b$ 〔新 潟〕 (2) $10a^2b \div (-5ab) \times (-a)$ 〔熊 本〕

(3) $8a^2 \div (-2ab) \times 4b^2$ 〔香 川〕 (4) $18xy \times x^2y \div (-3x)^2$ 〔鹿児島〕

(5) $24a^3b^3 \div 4ab \div 2b$ 〔新 潟〕 (6) $\dfrac{18}{5}a \div (-3b)^2 \times ab^2$ 〔福 井〕

 6 次の計算をしなさい。(5点×4)

(1) $3a^2b \div \dfrac{4}{3}ab \times (-2a)^3$ 〔長 崎〕 (2) $12x^3y^2 \times 6x^2y \div (-3xy)^2$ 〔大 分〕

(3) $3ab^2 \times (-2a)^3 \div \left(-\dfrac{8}{3}ab\right)$ 〔長 崎〕 (4) $-2xy \div \left(-\dfrac{4}{3}xy^2\right) \times 6x^2y$ 〔愛 知〕

---

 3 すべて乗法になおして，符号，係数，文字をそれぞれ計算していく。

4 式をできるだけ簡単にしてから，代入して式の値を求める。

6 まず累乗の計算をすること。指数法則 $(ab)^n = a^nb^n$，$(a^m)^n = a^{mn}$ などの公式を用いる。

3 式の計算の利用

▶ **重要点をつかもう**

1 式による説明

数を，文字を用いた式で表すことによって，一般的な性質を説明することができる。

例 m，n を整数とすると，偶数は $2m$，奇数は $2n+1$ または $2n-1$

2 等式の変形

いくつかの文字をふくむ等式において，その中の1つの文字を等式の性質を使って他の文字の式で表すことを，その**文字について解く**という。

例 等式 $2x-y=3$ を y について解くと，$y=2x-3$

Step 1 基本問題

解答▶別冊10ページ

1 [奇数の和] 2つの奇数の和は偶数になることを次のように説明した。□にあてはまる数や式を記入しなさい。

m，n を整数とすると，2つの奇数は $2m+1$，$2n+1$ と表され，その和は，

$$(2m+\boxed{^{(1)}})+(2n+\boxed{^{(2)}})=2m+2n+\boxed{^{(3)}}$$
$$=2(\boxed{^{(4)}})$$

ここで $\boxed{^{(5)}}$ は整数だから，$2(m+n+1)$ は偶数である。よって，2つの奇数の和は偶数となる。

くわしく 偶数・奇数の表し方

m，n を整数とすると，
- ▶2つの偶数…$2m$，$2n$
- ▶2つの奇数
  …$2m+1$，$2n+1$
- ▶連続する2つの奇数
  …$2m+1$，$2m+3$
  同じ文字を使う

重要 2 [連続する整数の和] 連続する3つの整数の和は3の倍数になることを次のように説明した。□にあてはまる数や式を記入しなさい。

いちばん小さい整数を n とすると，連続する3つの整数は，

n，$\boxed{^{(1)}}$，$\boxed{^{(2)}}$ と表され，その和は，

$$n+(\boxed{^{(1)}})+(\boxed{^{(2)}})=3(\boxed{^{(3)}})$$

ここで，$\boxed{^{(4)}}$ は整数だから，$3(\boxed{^{(5)}})$ は3の倍数である。よって，連続する3つの整数の和は3の倍数になる。

確認 連続する3つの整数の表し方

n を整数とすると，
- ▶中央の整数を n
  → $n-1$，n，$n+1$
- ▶いちばん大きい整数を n
  → $n-2$，$n-1$，n

3 [2けたの整数] 2けたの整数 A がある。その一の位の数と十の位の数を入れかえた整数を B とするとき，$A-B$ は9の倍数であることを次のように説明した。□ にあてはまる数や式を記入しなさい。

A の十の位の数を a，一の位の数を b とすると，

$A=\boxed{}^{(1)}$，$B=\boxed{}^{(2)}$

したがって，

$A-B=(\boxed{}^{(1)})-(\boxed{}^{(2)})$

$=9(\boxed{}^{(3)})$

ここで $\boxed{}^{(4)}$ は整数だから，$9(\boxed{}^{(5)})$ は9の倍数である。よって，$A-B$ は9の倍数である。

確認 2けたの整数の表し方

▶十の位の数が a，一の位の数が b である2けたの整数は，

$10a+b$

と表される。

▶十の位の数と一の位の数を入れかえると，

$10b+a$

と表される。

重要 4 [柱体の体積] 右の図の円柱 A は，底面の半径 a，高さ b で，円柱 B は円柱 A の底面の半径を半分にし，高さを2倍にしたものである。B の体積が A の体積の何倍であるかを次のようにして考えるとき，□ にあてはまる数や式を記入しなさい。

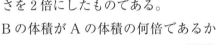

A の体積は $\boxed{}^{(1)}$

B の体積は $\pi\times(\boxed{}^{(2)})^2\times\boxed{}^{(3)}=\boxed{}^{(4)}$

したがって，B の体積は A の体積の $\boxed{}^{(5)}$ 倍である。

くわしく 余りのある数

n を整数とするとき，4でわると3余る数は，

$4n+3$

と表される。

重要 5 [等式の変形] 次の等式を〔 〕内の文字について解きなさい。

(1) $x+y=4$ 〔x〕

(2) $3a+5b=15$ 〔b〕

(3) $\ell=2\pi r$ 〔r〕

(4) $\dfrac{1}{2}xy=4$ 〔x〕

くわしく 等式の変形

〔 〕で指定された文字以外の文字は，数と同じように考え，等式の性質を使って解く。

1年の復習 第1章 第2章 第3章 第4章 第5章 第6章 総仕上げテスト

解答▶別冊10ページ

1 $2+4+6＝12$, $4+6+8＝18$ のように，連続する3つの偶数の和は6の倍数になる。連続する3つの偶数のうち，最小の数を $2n$（ただし，n は整数）として次の問いに答えなさい。

(1) 他の2つの偶数を，n を使った式で表しなさい。(6点)

(2) このことを，文字を使った式で説明しなさい。(10点)

重要 2 次の問いに答えなさい。(8点×3)

(1) 底面の半径が r, 高さが h である円錐がある。

① 円錐の底面の半径を3倍にし，高さを $\dfrac{1}{3}$ にするとき，体積はもとの円錐の何倍になるか，求めなさい。

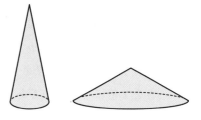

② 円錐の底面の半径を m 倍にし，高さも m 倍にするとき，体積はもとの円錐の何倍になるか，求めなさい。

(2) 右の図の四角形 ABCD は，$AB＝5a$ cm，$BC＝4a$ cm の長方形である。四角形 ABCD を，辺 AB を軸として1回転してできる立体を P，辺 BC を軸として1回転してできる立体を Q とするとき，P の体積は Q の体積の何倍か，求めなさい。

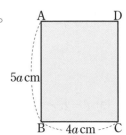

3 百の位の数字が a，十の位の数字が b，一の位の数字が c である3けたの自然数 N がある。$a+b+c$ が3の倍数であるとき，N は3の倍数になることを，文字を使って説明しなさい。(10点)

 4 次の等式を〔 〕内の文字について解きなさい。(6点×5)

(1) $y=3x-6$ 〔x〕

(2) $5x+4y-3=0$ 〔y〕 〔沖 縄〕

(3) $\dfrac{x}{3}-\dfrac{y}{2}=1$ 〔x〕

(4) $\ell=2(a+b)$ 〔b〕

(5) $1.25a+0.25b=0.5$ 〔b〕 〔大 阪〕

(6) $a=\dfrac{5b+3c}{8}$ 〔c〕 〔静 岡〕

5 次の問いに答えなさい。(10点×2)

(1) ある自然数 a を5でわると，商が b，余りが r になった。このとき，r を a，b の式で表しなさい。 〔秋 田〕

(2) 2gのおもり a 個と5gのおもり b 個を合わせると40gになった。a を b の式で表しなさい。 〔群 馬〕

- -

3 2，4，6，……のように，偶数は2ずつ大きくなっていく。

4 〔 〕内の文字を左辺に移し，等式の性質を用いて式の変形をしていく。

5 (1) まず，a，b，r について成り立つ等式をつくり，それを r について解けばよい。

解答▶別冊11ページ

1 次の計算をしなさい。(4点×6)

(1) $2(x-4y+3)+(3x-y-4)$ 〔山 梨〕

(2) $(x+2y-5)-2(3x-y-4)$ 〔愛 媛〕

(3) $2(4a+b)-3(-2a+b)$ 〔岡 山〕

(4) $\dfrac{2x+y}{3}-\dfrac{x-2y}{4}$ 〔長 崎〕

(5) $\dfrac{1}{4}(x-3y)-\dfrac{1}{6}(2x-3y)$ 〔石 川〕

(6) $\dfrac{1}{3}(x-3y)-\dfrac{1}{2}\left(2y-\dfrac{4}{3}x\right)$ 〔和歌山〕

2 次の計算をしなさい。(4点×4)

(1) $ab^2\times a^2b^2\div ab^3$ 〔熊 本〕

(2) $30ab^2\div 3b\div 5ab$ 〔愛 媛〕

(3) $32x^3y^4\div 8xy^2\times(xy)^2$ 〔大 分〕

(4) $\dfrac{9x^3y^2}{2}\div\dfrac{3x^2y}{4}$ 〔石 川〕

重要 3 次の式の値を求めなさい。(4点×3)

(1) $a=\dfrac{1}{2}$, $b=-5$ のとき, $3(a+b)-(a+4b)$ 〔長 野〕

(2) $x=-2$, $y=5$ のとき, $4x^2y^3\div 8xy^2\times 6x$ 〔青 森〕

(3) $a=\dfrac{3}{2}$, $b=-\dfrac{1}{3}$ のとき, $6ab\div(-3a^2)\times 9a^2b$ 〔佐 賀〕

重要 **4** 男子 16 人，女子 19 人のクラスで，男子の身長の平均が a cm，女子の身長の平均が b cm，クラス全員の身長の平均が c cm のとき，a を b，c を使った式で表しなさい。(7点)

5 次の問いに答えなさい。(8点×3)

(1) a を一の位の数字が 0 でない 2 けたの自然数とし，a の十の位の数字を x，一の位の数字を y とする。b を a の十の位の数字と一の位の数字を入れかえた 2 けたの自然数とする。ただし，x と y は 1 から 9 までの整数とする。次の問いに答えなさい。　　　　　　〔宮城〕

① $10a-b$ は 9 の倍数になる。そのわけを，文字式を使って説明しなさい。

② $10a-b=792$ が成り立つ a の値のうち，最も大きい値を求めなさい。

(2) $5+8=13$，$11+32=43$ のように，3 でわると 2 余るような 2 つの整数の和は，3 でわると 1 余る。そのわけを文字を用いて説明しなさい。

6 次の等式を〔　〕内の文字について解きなさい。(5点×2)

(1) $S=\dfrac{(a+b)h}{2}$　〔b〕　　　〔日本大第三高〕　　(2) $\dfrac{1}{a}-\dfrac{1}{b}=\dfrac{1}{c}$　〔b〕　　　　　　〔白陵高〕

7 $-\dfrac{1}{2}x^2y\div\left(-\dfrac{2}{3}xy\right)^2\times\boxed{}=6xy^2$ の $\boxed{}$ にあてはまる式を求めなさい。(7点)

★─────────────────────────────────────★

ヒント **5** (2) m，n を整数とすると，3 でわると 2 余る 2 つの整数は $3m+2$，$3n+2$ と表される。

6 (2) 移項して $\dfrac{1}{b}=\sim$ の形にしてから，右辺を通分する。

時間 40分 | 合格点 80点 | 得点 点

解答▶別冊12ページ

重要 **1** 次の計算をしなさい。(5点×6)

(1) $\dfrac{x-y}{3}-\dfrac{2x+y}{2}+x-y$

(2) $(-x^2y)^3 \div 4x^3y^5 \times (-2xy)^2$

(3) $\left(\dfrac{2}{3}ab^3\right)^2 \div (-2a^3b^4) \times 9a^2b$

(4) $-3a^2b^2 \times (-2b)^2 \div \left(-\dfrac{2}{3}ab^3\right)$

(5) $\left(-\dfrac{2}{3}x^2y^3\right)^2 \div \left(-\dfrac{1}{4}xy\right)^3 \times \left(\dfrac{x}{16y}\right)^2$

〔日本大第二高〕

(6) $\left(-\dfrac{1}{6}x^3y\right)^2 \div \left(\dfrac{3}{4}xy^2\right)^3 \times \left(-\dfrac{3y}{2}\right)^5$

〔ラ・サール高〕

重要 **2** 次の問いに答えなさい。(5点×4)

(1) $x=2$, $y=-3$ のとき，$3(x-2y)+2(x+4y)$ の値を求めなさい。

〔大 分〕

(2) 等式 $x-2y+\boxed{}=0$ を y について解くと，$y=\dfrac{1}{2}x+3$ である。$\boxed{}$ にあてはまる数を求めなさい。

〔沖 縄〕

(3) $c=\dfrac{a-2b}{4}$ を b について解きなさい。

〔長 崎〕

(4) $a=-4$, $b=\dfrac{1}{3}$ のとき，$(-2ab)^2 \times \dfrac{1}{3}a \div \left(-\dfrac{2}{3}a^2b\right)^2$ の値を求めなさい。

3 次の文章は，連続する５つの自然数について述べたものである。文章中の $\boxed{A}$ にあてはまる最も適当な式を書きなさい。また $\boxed{a}$, $\boxed{b}$, $\boxed{c}$, $\boxed{d}$ に，あてはまる自然数をそれぞれ書きなさい。(4点×5)

〔愛 知〕

> 　連続する５つの自然数のうち，最も小さい数を n とすると，最も大きい数は $\boxed{A}$ と表される。このとき，連続する５つの自然数の和は $\boxed{a}(n+\boxed{b})$ と表される。
>
> 　このことから，連続する５つの自然数の和は，小さいほうから $\boxed{c}$ 番目の数の $\boxed{d}$ 倍になっていることがわかる。

4 3564 のように，千の位と百の位の数字の和が 8 で，十の位と一の位の数字の和が 10 である 4 けたの自然数を N とする。(10点×2)

(1) N は 9 の倍数であることを，文字を使って説明しなさい。

(2) N を 9 でわったときの商は，百の位の数が N の千の位の数に等しく，十の位の数は 9 で，一の位の数が N の十の位の数に等しいことを説明しなさい。

5 4 けたの自然数を，千の位の数と残りの 3 けたの数とに分ける。残りの 3 けたの数から千の位の数をひいた数が 7 の倍数ならば，もとの 4 けたの自然数も 7 の倍数であることを，文字を使って説明しなさい。(10点)

　4 N の千の位の数を a，十の位の数を b とする。
　5 千の位の数を a，残りの 3 けたの数を b とする。(たとえば，4 けたの自然数が 3542 のとき，$a=3$，$b=542$ とする)

1年の復習
第1章
第2章
第3章
第4章
第5章
第6章
総仕上げテスト

4 連立方程式の解き方

◀ 重要点をつかもう

1 連立方程式

① $2x+y=4$ のように，文字を2つふくむ1次方程式を，**2元1次方程式**という。

② 2つの方程式を組にしたものを**連立方程式**といい，2つの方程式を同時に成り立たせる x，y の値の組を，その連立方程式の**解**という。

2 連立方程式の解き方

①**加減法**…どちらかの文字の係数の絶対値をそろえ，左辺どうし，右辺どうしを加えたりひいたりして，その文字を消去して解く。

②**代入法**…一方の式を他方の式に代入することによって文字を消去して解く。

Step 1 基本問題

解答▶別冊14ページ

1 ［2元1次方程式の解］次の問いに答えなさい。

(1) 方程式 $x-y=-1$ の解を表にまとめなさい。

x	…	-3	-2	-1	0	1	2	3	…
y	…								…

(2) (x, y) の値の組 $(1, 5)$，$(2, 4)$，$(3, 3)$，$(4, 2)$，$(5, 1)$ のうち，方程式 $2x+y=8$ の解はどれか，求めなさい。

2 ［加減法］次の手順にしたがって連立方程式を解くとき，□ にあてはまる数や式を記入しなさい。

$$\begin{cases} 2x+3y=480 & \cdots\cdots① \\ 2x+\ y=360 & \cdots\cdots② \end{cases}$$

〔解答〕 ①から②をひくと，

$$\begin{array}{r} 2x+3y \quad =480 \\ -)\ 2x+\ y \quad =360 \\ \hline \boxed{}^{(1)} = \boxed{}^{(2)} \end{array}$$

これを解いて，$y=\boxed{}^{(3)}$　②に代入して，$x=\boxed{}^{(4)}$

したがって，解は $x=\boxed{}^{(4)}$，$y=\boxed{}^{(3)}$

Guide

確認 2元1次方程式の解

2元1次方程式を成り立たせる x，y の値の組を2元1次方程式の**解**という。

2元1次方程式の解は無数にある。

確認 加減法

どちらかの1つの文字の係数の絶対値をそろえて，式を加減する。

$$\begin{array}{r} A=B \\ +)\ C=D \\ \hline A+C=B+D \end{array}$$

$$\begin{array}{r} A=B \\ -)\ C=D \\ \hline A-C=B-D \end{array}$$

3 [代入法] 次の手順にしたがって連立方程式を解くとき，□□□□にあてはまる数や式を記入しなさい。

$$\begin{cases} 3x+2y=7 & \cdots\cdots① \\ y=x+1 & \cdots\cdots② \end{cases}$$

〔解答〕 ②を①に代入して，$3x+2\boxed{}^{(1)}=7$

これを解いて，$x=\boxed{}^{(2)}$ ②より，$y=\boxed{}^{(3)}$

したがって，解は $x=\boxed{}^{(2)}$ ，$y=\boxed{}^{(3)}$

4 [加減法] 加減法によって，次の連立方程式を解きなさい。

(1) $\begin{cases} x+2y=4 \\ 3x-y=5 \end{cases}$
(2) $\begin{cases} 2x+3y=3 \\ 3x-5y=14 \end{cases}$

5 [代入法] 代入法によって，次の連立方程式を解きなさい。

(1) $\begin{cases} x=2y+10 \\ 3x+y=9 \end{cases}$
(2) $\begin{cases} 3x+5y=9 \\ 2x+y=-8 \end{cases}$

6 [連立方程式と解] 連立方程式 $\begin{cases} ax-2y=4 \\ 2x+by=-1 \end{cases}$ の解が $x=1$，$y=-3$ であるとき，定数 a，b の値を求めなさい。

確認　代入法

$x=\boxed{}$ か $y=\boxed{}$ の式を，もう1つの式に代入して，文字を消去する。

$$\begin{cases} 2x+3y=19 & \cdots\cdots① \\ y=8-x & \cdots\cdots② \end{cases}$$

②を①に代入して，

$\underline{2x+3(8-x)=19}$
　　　↑
　　yを消去

注意　連立方程式を解くときの注意

► $2x+y=5$ ……①

①×3 のとき，右辺の 5 にも 3 をかけるのを忘れないこと。

$6x+3y=\overset{15}{\cancel{5}}$ ← 15

► ①から，$y=5-2x$ と変形して，代入法で解くこともできる。

くわしく　連立方程式を加減法で解くか代入法で解くかの見分け方

► 2つの式がともに $ax+by=c$ の形ならば，加減法で解くほうがよい。

► 一方の式が $y=\boxed{}$ や $x=\boxed{}$ の形ならば，代入法で解くほうがよい。

1年の復習
第1章
第2章
第3章
第4章
第5章
第6章
総仕上げテスト

解答▶別冊14ページ

1 次の問いに答えなさい。(5点×2)

(1) x, y が 10 以下の自然数であるとき，$x+y=7$ の解をすべて求めなさい。

(2) x, y が 50 以下の自然数であるとき，$5x-13y=0$ の解をすべて求めなさい。

2 加減法によって，次の連立方程式を解きなさい。(6点×8)

(1) $\begin{cases} x+2y=4 \\ -3x+y=9 \end{cases}$ 〔秋 田〕

(2) $\begin{cases} 6x-y=-2 \\ 4x-3y=8 \end{cases}$ 〔広 島〕

(3) $\begin{cases} 4x-3y=-1 \\ 5x-2y=4 \end{cases}$ 〔奈 良〕

(4) $\begin{cases} 2x-3y=16 \\ 4x+y=18 \end{cases}$ 〔富 山〕

(5) $\begin{cases} 7x-y=-14 \\ -9x+4y=-1 \end{cases}$

(6) $\begin{cases} 2x+3y=5 \\ 3x+8y=18 \end{cases}$ 〔京 都〕

(7) $\begin{cases} 3x-4y=10 \\ 4x+3y=5 \end{cases}$ 〔群 馬〕

(8) $\begin{cases} 7x+3y=15 \\ 3x-2y=13 \end{cases}$

3 代入法によって，次の連立方程式を解きなさい。(5点×6)

(1) $\begin{cases} x = 3y + 22 \\ 2x + 3y = 8 \end{cases}$ 〔茨 城〕

(2) $\begin{cases} x + 3y = 11 \\ y = 2x - 1 \end{cases}$ 〔栃 木〕

(3) $\begin{cases} y = x - 3 \\ 5x - 6y = 9 \end{cases}$ 〔東 京〕

(4) $\begin{cases} 2x + 3y = 5 \\ 3y = 7 - 3x \end{cases}$

(5) $\begin{cases} x - 2y = 7 \\ 3x + 4y = 1 \end{cases}$ 〔三 重〕

重要
(6) $\begin{cases} 3x + 4y = 17 \\ 3y = 9 - x \end{cases}$ 〔北海道〕

重要
4 次の問いに答えなさい。(6点×2)

(1) x，y についての連立方程式 $\begin{cases} 2ax + by = 1 \\ ax - 2by = 8 \end{cases}$ の解が $x = 1$，$y = 3$ であるとき，a，b の値を求めなさい。 〔青 森〕

(2) 次の2組の x，y の連立方程式の解が同じである。a，b の値を求めなさい。

$\begin{cases} 4x + 3y = -1 \\ ax - by = 13 \end{cases}$ $\begin{cases} bx - ay = 7 \\ 3x - y = 9 \end{cases}$ 〔大阪教育大附高(平野)〕

1 (2) y について解くと $y = \dfrac{5}{13}x$，y は自然数であるから，x は 13 の倍数であり，$1 \leqq x \leqq 50$

4 (1) 連立方程式に解 $x = 1$，$y = 3$ を代入して，a，b についての連立方程式を解けばよい。

(2) まず，$4x + 3y = -1$ と $3x - y = 9$ とから解 x，y を求め，他の方程式に代入する。

5 いろいろな連立方程式

重要点をつかもう

1 いろいろな連立方程式の解き方

①**かっこがある連立方程式**…かっこをはずし，整理して解く。

②**小数がある連立方程式**…両辺に 10，100 などをかけて，係数を整数になおして解く。

③**分数がある連立方程式**…分母の最小公倍数を両辺にかけて，分母をはらい，係数を整数になおして解く。

2 $A=B=C$ の形の連立方程式の解き方

$\begin{cases} A=B \\ A=C \end{cases}$ $\begin{cases} A=B \\ B=C \end{cases}$ $\begin{cases} A=C \\ B=C \end{cases}$ のいずれかの組み合わせの連立方程式の形になおして解く。

Step 1 基本問題

解答▶別冊15ページ

1 [かっこがある連立方程式] 次の手順にしたがって連立方程式を解くとき，□□にあてはまる数や式を記入しなさい。

$$\begin{cases} 4(x+y)-x=7 & ……① \\ x-2y=9 & ……② \end{cases}$$

〔解答〕 ①のかっこをはずして整理すると，

$$\boxed{}^{(1)}=7 ……③$$

②×2+③ より，$5x=\boxed{}^{(2)}$ $x=\boxed{}^{(3)}$

これを②に代入して，$y=\boxed{}^{(4)}$

答 $x=\boxed{}^{(3)}$ ，$y=\boxed{}^{(4)}$

2 [小数がある連立方程式] 次の手順にしたがって連立方程式を解くとき，□□にあてはまる数や式を記入しなさい。

$$\begin{cases} 5x-3y=10 & ……① \\ 0.02x-0.03y=0.13 & ……② \end{cases}$$

〔解答〕 係数を整数になおすため，②の両辺に 100 をかけて，

$$\boxed{}^{(1)}=13 ……③$$

①－③ より，$x=\boxed{}^{(2)}$ これを①に代入して，

$y=\boxed{}^{(3)}$ 答 $x=\boxed{}^{(2)}$ ，$y=\boxed{}^{(3)}$

Guide

注意 かっこがある連立方程式

かっこをはずすとき，符号やかっこ内の後ろの項にかけ忘れないように気をつけよう。

例 $-2(x-3y)$
$=-2x \times 6y$
$=-2x \geq 3y$

正しくは，
$-2x+6y$

くわしく 小数にかける数

係数が整数になるのであれば，かける数は 10 や 100 でなくてもよい。

例 $x+0.25y=0.75$
両辺に 4 をかけて，
$4x+y=3$

3 [分数がある連立方程式] 次の手順にしたがって連立方程式を解くとき，□□□にあてはまる数や式を記入しなさい。

$$\begin{cases} 3x+2y=6 & \cdots\cdots① \\ \dfrac{x}{4}-\dfrac{y}{3}=4 & \cdots\cdots② \end{cases}$$

〔解答〕 ②の両辺に分母の 4，3 の最小公倍数 12 をかけて，

$$\boxed{}^{(1)}=48 \quad\cdots\cdots③$$

①−③ より，$6y=\boxed{}^{(2)}$ $y=\boxed{}^{(3)}$

これを①に代入して，$x=\boxed{}^{(4)}$

答 $x=\boxed{}^{(4)}$ ，$y=\boxed{}^{(3)}$

4 [$A=B=C$ の形の連立方程式] 次の手順にしたがって連立方程式を解くとき，□□□にあてはまる数や式を記入しなさい。

$$2x-5y+4=-5x-y+3=-4$$

〔解答〕 −4 を 2 回使って 2 つの方程式をつくると，

$$\begin{cases} \boxed{}^{(1)}=-4 \\ -5x-y+3=-4 \end{cases}$$

整理して，$\begin{cases} \boxed{}^{(2)}=-8 & \cdots\cdots① \\ \boxed{}^{(3)}=-7 & \cdots\cdots② \end{cases}$

①，②の連立方程式を解いて，$x=\boxed{}^{(4)}$ ，$y=\boxed{}^{(5)}$

重要 **5** [いろいろな連立方程式] 次の連立方程式を解きなさい。

(1) $\begin{cases} 3x+4y=-2 \\ 2x+3y=6(x+6) \end{cases}$

(2) $\begin{cases} 0.2x+0.3y=0.1 \\ 5x+2y=8 \end{cases}$

(3) $\begin{cases} \dfrac{x}{4}-\dfrac{y}{5}=-1 \\ 3x-2y=-12 \end{cases}$

(4) $4x+3y=3x+y=2$

注意 分母をはらうときに注意

左辺に分数の係数があり，右辺が整数のとき，分母をはらって整理するが，右辺にかけ忘れないように注意しよう。

例 $\dfrac{x}{3}+\dfrac{y}{2}=4$ のとき，

両辺に 6 をかけて，

$2x+3y=\underline{4}$

としないように。

正しくは，

$2x+3y=\underline{24}$

くわしく $A=B=C$ の形の連立方程式

A，B，C のうちで，いちばん簡単な式を 2 回使って連立方程式をつくろう。

例 $2x+3y=x+4y=5$ いちばん簡単

$$\begin{cases} 2x+3y=5 \\ x+4y=5 \end{cases}$$

解答▶別冊16ページ

1 次の連立方程式を解きなさい。(5点×2)

(1) $\begin{cases} 5x+3y=-5 \\ 3x-4(x+y)=-16 \end{cases}$

(2) $\begin{cases} 2(x-y)+3y=8 \\ 5x-3(2x-y)=3 \end{cases}$ 〔淑徳SC高〕

2 次の連立方程式を解きなさい。(5点×2)

(1) $\begin{cases} 0.5x-1.4y=8 \\ -x+2y=-12 \end{cases}$ 〔千 葉〕

(2) $\begin{cases} 0.2x+0.3y=1 \\ 0.01x-0.14=0.03y \end{cases}$

重要 **3** 次の連立方程式を解きなさい。(5点×4)

(1) $\begin{cases} \dfrac{1}{3}x+\dfrac{1}{2}y=1 \\ 2x-3y=-4 \end{cases}$

(2) $\begin{cases} \dfrac{4x-3}{6}-\dfrac{y-3}{4}=2 \\ 6x-4y=21 \end{cases}$ 〔都立日比谷高〕

(3) $\begin{cases} 1-x=\dfrac{3}{5}y \\ \dfrac{2}{3}x=1-y \end{cases}$ 〔都立八王子東高〕

(4) $\begin{cases} 4x-y=22 \\ \dfrac{5x+y}{6}-\dfrac{7x-5y}{12}=-2.5 \end{cases}$ 〔都立白鷗高〕

重要 **4** 次の連立方程式を解きなさい。(6 点×2)

(1) $x+2y=2x+y-4=1$ 〔立正大付属立正高〕 (2) $5x-7y=2x-3y+2=-3x+4y+9$ 〔土佐高〕

重要 **5** 次の連立方程式を解きなさい。(8 点×6)

(1) $\begin{cases} 0.4x+0.1y=4 \\ \dfrac{1}{3}x-\dfrac{1}{2}y=1 \end{cases}$ 〔都立墨田川高〕

(2) $\begin{cases} \dfrac{4}{5}x+\dfrac{5}{6}y=-\dfrac{1}{15} \\ 0.02x-0.05y=0.14 \end{cases}$ 〔都立白鷗高〕

(3) $\begin{cases} \dfrac{3x-1}{5}=\dfrac{y}{2}+1 \\ 0.9(x+3)+1.5y=0 \end{cases}$ 〔東海高〕

(4) $\dfrac{x-y}{2}=\dfrac{x+y}{4}=1$ 〔西南学院高〕

(5) $\begin{cases} 4x+12y=3 \\ (x+5):(y-1)=8:1 \end{cases}$ 〔中央大附高〕

(6) $\begin{cases} 7x+5y=31 \\ 5x+7y=29 \end{cases}$ 〔法政大第二高〕

 1 かっこがある連立方程式は，かっこをはずして同類項をまとめて整理してから解く。

2 3 小数や分数がある連立方程式は，係数を整数になおしてから解く。

4 $A=B=C$ の形の連立方程式は，A，B，C のどれかを 2 回使って連立させて解く。

6 連立方程式の利用

重要点をつかもう

1 連立方程式を利用して問題を解く手順

①どの数量を文字 x, y を使って表すか決める。

②問題の中の数量の間の等しい関係を見つけ，x, y を使って連立方程式をつくる。

③連立方程式を解く。

④その解が，問題に適しているかどうか調べる。

Step 1 基本問題

解答▶別冊17ページ

1 [個数を求める問題] 1 個 90 円のりんごと 1 個 40 円のみかんを合わせて 30 個買い，代金 1800 円を支払った。りんごを x 個，みかんを y 個買ったとして，次の問いに答えなさい。

(1) x, y についての連立方程式をつくりなさい。

(2) りんご，みかんは，それぞれ何個買いましたか。

2 [整数の問題] 2 けたの整数がある。各位の数の和は 13 で，十の位の数と一の位の数を入れかえると，もとの整数より 27 大きくなるという。十の位の数を x，一の位の数を y として，次の問いに答えなさい。

(1) x, y についての連立方程式をつくりなさい。

(2) もとの整数を求めなさい。

Guide

 1次方程式でも解ける

1 では，みかんの個数を $(30-x)$ 個とすれば，1 次方程式を利用して問題を解くこともできる。

 注意

求めるもの以外のものを x, y としたときは，連立方程式の解はまだ答えではない。さらに求める答えを出していく。

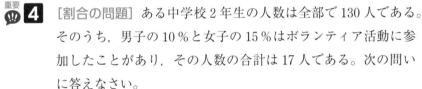

重要 **3** ［速さの問題］太郎さんは，A地点から 15 km 離れた C 地点まで行った。途中の B 地点までは，時速 6 km で進み，B 地点から C 地点までは，時速 4 km で進んだ。A 地点を出発してから C 地点に着くまで全体で 3 時間かかった。A 地点から B 地点までの道のりを x km，B 地点から C 地点までの道のりを y km として，次の問いに答えなさい。

15km
A地点　　　B地点　　　C地点
時速6km　　時速4km
3時間

(1) x，y を求めるために，太郎さんは次のような連立方程式をつくった。このとき，□ にあてはまる式を記入しなさい。

$$\begin{cases} x+y=15 & \cdots\cdots① \\ \boxed{}=3 & \cdots\cdots② \end{cases}$$

(2) A 地点から B 地点までの道のりを求めなさい。

重要 **4** ［割合の問題］ある中学校 2 年生の人数は全部で 130 人である。そのうち，男子の 10 ％と女子の 15 ％はボランティア活動に参加したことがあり，その人数の合計は 17 人である。次の問いに答えなさい。

(1) 2 年生の男子を x 人，女子を y 人として，次のような表をつくった。空らんをうめて表を完成させなさい。

	男子	女子	合計
全体の人数（人）	x	y	⑦
ボランティア活動に参加した人数（人）	$x\times\dfrac{①}{100}$	⑨	17

(2) 2 年生の男子，女子それぞれの人数を求めなさい。

確認 🔍 方程式を利用する問題でよく使われる公式

▶ 代金＝単価×個数

▶ 速さ＝$\dfrac{道のり}{時間}$　時間＝$\dfrac{道のり}{速さ}$

道のり＝速さ×時間

▶ a g の x ％増 → $a\left(1+\dfrac{x}{100}\right)$ g

a g の x ％減 → $a\left(1-\dfrac{x}{100}\right)$ g

▶ 食塩の重さは，

食塩水の重さ×$\dfrac{食塩水の濃度（％）}{100}$

注意 ⚠️ 解を調べるときのポイント

方程式の解は，必ずしも問題の答えであるとは限らない。例えば，個数や人数を求める問題では，解は自然数でなければならない。

Step 2 標準問題

時間	合格点	得点
40分	80点	点

解答▶別冊17ページ

1 ある青果店で，みかん3個とりんご4個を買い，510円を支払った。さらに，贈り物用として，同じみかん7個とりんご9個をかごに入れて買い，かごの代金140円をふくめて1300円を支払った。みかん1個，りんご1個の値段はそれぞれいくらか，求めなさい。ただし，消費税は考えないものとする。(10点)　〔新 潟〕

重要 2 大人と中学生と小学生，合わせて40人で動物園へ行った。1人あたりの動物園の入場料は，右の表のとおりである。入場料の総額が7300円であり，小学生の人数が22人であるとき，中学生と大人の人数をそれぞれ求めなさい。(10点)　〔茨城－改〕

	入場料
大　人	500 円
中学生	200 円
小学生	100 円

重要 3 ある中学校の今年度の入学者数は，昨年度の入学者数と比べて4人増加し，279人であった。これを男女別にみると，昨年度より男子の人数は6％増加し，女子の人数は4％減少した。昨年度の入学者の男子と女子の人数をそれぞれx人，y人として連立方程式をつくり，今年度の入学者の男子と女子の人数をそれぞれ求めなさい。(12点)　〔栃 木〕

4 Aさんの家から図書館までの道の途中に郵便局がある。Aさんの家から郵便局までは上り坂，郵便局から図書館までは下り坂になっている。Aさんは，家から歩いて図書館に行き，同じ道を歩いて家にもどった。上り坂は分速80m，下り坂は分速100mの速さで歩いたところ，行きは13分，帰りは14分かかった。Aさんの家から郵便局までの道のりは何mですか。

(12点) 〔愛 知〕

1年復習

第 1 章

第 2 章

第 3 章

第 4 章

第 5 章

第 6 章

総仕上げテスト

重要 **5** 百の位と一の位の数が等しく，各位の数の和が 19 である自然数 N がある。N の百の位と十の位の数を入れかえてできる自然数を M とすると，M は N より 450 小さい。このとき，自然数 N を求めなさい。(12点)

6 修さんは，家から駅まで 2800 m の道のりを，はじめは分速 80 m で歩き，途中からは分速200 m で走ったところ，家を出てから 23 分後に駅に着いた。次の問いに答えなさい。(10点×3)

〔山 形〕

(1) 修さんが歩いた道のりと走った道のりを，連立方程式を利用して求めるとき，式のつくり方は 2 通り考えられる。次の①，②の場合について，それぞれ連立方程式をつくりなさい。

① 歩いた道のりを x m，走った道のりを y m とする。

② 歩いた時間を x 分，走った時間を y 分とする。

(2) (1)でつくったいずれかの連立方程式を解き，歩いた道のりと走った道のりを，それぞれ求めなさい。

重要 **7** 定価が 1 個 250 円のある商品を，A 店と B 店で販売した。A 店では最初から最後まで 20 %引きで販売した。B 店では初め定価で販売したが，途中から定価の半額で販売した。定価の半額で販売した個数は 84 個であった。A 店と B 店で販売した商品の個数の合計は 690 個で，A 店，B 店それぞれの売上金の総額は同じであった。このとき，A 店，B 店それぞれで販売した商品の個数を，方程式をつくって求めなさい。(14点)

〔石 川〕

ヒント

4 A さんの家から郵便局までの道のりを x m，郵便局から図書館までの道のりを y m とする。

7 A 店，B 店で販売した商品の個数をそれぞれ x 個，y 個として，A 店，B 店それぞれの売上金の総額を求める。

Step **3** 実力問題①

【　　月　　日】

解答▶別冊19ページ

1 次の連立方程式を解きなさい。(10点×4)

(1) $\begin{cases} \dfrac{1}{2}x - \dfrac{3}{4}y = 4 \\ -0.2x + 0.5y = -2 \end{cases}$

(2) $\begin{cases} \dfrac{3x+2y}{4} - \dfrac{x-y}{6} = \dfrac{11}{4} \\ 0.1x + 0.15y = 0.4 \end{cases}$ 〔関西学院高〕

(3) $\begin{cases} (x+4):(y+1) = 5:2 \\ 3(x-y)+8 = 2x+5 \end{cases}$ 〔青雲高〕

(4) $\dfrac{x+1}{4} = \dfrac{7-2y}{3} = \dfrac{3x-2y}{5}$ 〔プール学院高〕

2 ある店では毎日，A，B 2つの商品を仕入れて，販売している。ある1日の売り上げを調べたところ，午前中に A と B を合わせた個数の 30 % にあたる 57 個が売れ，この日1日では，A の 90 %，B の 96 % が売れて，残った商品の個数は A，B を合わせて 16 個だった。仕入れた A の個数を求めなさい。(10点) 〔豊島岡女子学園高〕

3 1個 200 円の製品 A と 1 個 500 円の製品 B がある。昨日の売り上げ個数は，製品 A と製品 B を合わせて 600 個でした。本日の売り上げ個数は昨日の売り上げ個数に対して，製品 A が 2 割少なく，製品 B が 1 割多くなり，本日の売り上げの合計は 252000 円でした。本日の製品 A の売り上げ個数を求めなさい。(10点) 〔豊島岡女子学園高〕

4 PチームとQチームが10回試合を行い，1試合ごとに次のようにポイントを与える。次の問いに答えなさい。(10点×2)　　　　　　　　　　　　　　　　　　　　　　　　　〔福井−改〕

> ① 勝ったチームには，3ポイントを与える。
> ② 引き分けのときは，両チームに1ポイントを与える。
> ③ 負けたチームには，ポイントを与えない。

(1) Pチームが5回勝って，3回引き分け，2回負けた場合，Pチーム，Qチームのポイントの合計をそれぞれ求めなさい。

(2) ポイントの合計が，Pチームが11ポイント，Qチームが17ポイントであった。このとき，Pチームが試合に勝った回数と引き分けた回数をそれぞれ求めなさい。

5 濃度が異なる300gの食塩水Aと200gの食塩水Bがある。この食塩水A，Bをすべて混ぜたら，食塩水Aより濃度が2％低い食塩水ができた。さらに，水を500g入れて混ぜたら，濃度は食塩水Bと同じになった。食塩水A，Bの濃度はそれぞれ何％か，求めなさい。(10点)　　　　　　　　　　　　　　　　　　　　　　　　　〔愛知〕

6 長さ200mの電車Aは，鉄橋Pを渡り始めてから渡り終わるまでに1分20秒かかり，長さ180mの電車Bは，鉄橋Qを渡り始めてから渡り終わるまでに50秒かかる。
電車Bの速さは電車Aの速さの1.2倍であり，鉄橋Qの長さは鉄橋Pの長さの0.6倍である。電車Aの速さを毎秒xm，鉄橋Pの長さをymとし，式と計算過程を書いて，x，yの値を求めなさい。(10点)　　　　　　　　　　　　　　　　　　　　　　〔東京電機大高〕

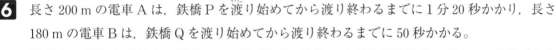
1 (3) 比例式 $a:b=c:d$ は $ad=bc$ と変形して解く。
2 仕入れたAの個数をx個，Bの個数をy個として方程式をつくる。
6 鉄橋を渡り始めてから渡り終わるまでに電車が走る道のりは，鉄橋の長さ＋電車の長さ

 **実 力 問 題 ②**

時 間 **40**分　合格点 **80**点　得 点 点

解答▶別冊20ページ

1 次の連立方程式を解きなさい。(10点×2)

(1) $\begin{cases} \dfrac{1}{x} + \dfrac{2}{y} = -1 \\ \dfrac{3}{x} - \dfrac{4}{y} = 12 \end{cases}$

(2) $\dfrac{1}{2}x - \dfrac{2}{3}y = -2x + y = -\dfrac{1}{4}$　〔東京女子学院高〕

2 次の問いに答えなさい。(10点×2)

(1) 連立方程式 $\begin{cases} 6x - 5y = 3 \\ 4x - y = a \end{cases}$ の解の x, y の値を入れかえると，連立方程式 $\begin{cases} 4x - 3y = 12 \\ bx + 2y = 25 \end{cases}$ の解

になります。a, b の値を求めなさい。　〔明治大付属中野高〕

(2) x, y の連立方程式 $\begin{cases} 9x + 2ay = 6 \\ \dfrac{x}{2} - ay = -1 \end{cases}$ の解の比は $x : y = 2 : 7$ である。x, y の値，および定

数 a の値を求めなさい。　〔関西学院高〕

3 ある町では，毎年8月に中学校トライアスロン大会(水泳，自転車，マラソンの3種目を続けて行い，それらに要した合計時間を競う競技会)を行っている。3種目の競技コースの距離の合計は 13.2 km である。太郎さんは 0.2 km の水泳コースを4分間で泳いだ後，自転車コースを毎時 15 km，マラソンコースを毎時 10 km の速さで走った。3種目に要した合計時間は1時間であった。自転車コースの距離を x km，マラソンコースの距離を y km として連立方程式をつくり，それぞれの距離を求めなさい。(10点)　〔愛 媛〕

4 ある町の A，B 2 つの地区では，古紙の回収を実施<ruby>実施<rt>じっし</rt></ruby>している。5 月に回収した古紙の重さは，A 地区と B 地区が回収した分を合わせると，840 kg であった。また，5 月に回収した古紙の重さは，4 月と比べて A 地区は 10 ％減少し，B 地区は 15 ％増加したので，全体としては 5 ％増加した。このとき，次の問いに答えなさい。(10 点×2) 〔福 井〕

(1) A 地区が <u>4 月</u>に回収した古紙の重さを x kg，B 地区が <u>4 月</u>に回収した古紙の重さを y kg として，x と y についての連立方程式をつくりなさい。

(2) 連立方程式を解いて，A 地区が 4 月に回収した古紙の重さと，B 地区が 4 月に回収した古紙の重さを求めなさい。

5 右の図のように，長さ 60 cm の線分 AB がある。点 P と点 Q が A を同時に出発し，それぞれ一定の速さで，AB 間を線分 AB 上で往

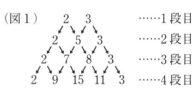

復し続ける。ただし，点 P は点 Q より速く進むことがわかっている。点 P と点 Q が異なる方向に進みながら初めて重なったのは，出発してから 4 秒後である。また，点 P と点 Q が同じ方向に進みながら初めて重なったのは，点 P が 2 往復目に A の方向に進んでいるときで，出発してから 10 秒後である。点 P と点 Q の速さは，それぞれ秒速何 cm か。点 P の速さを秒速 x cm，点 Q の速さを秒速 y cm として方程式をつくり，求めなさい。(15 点) 〔北海道〕

6 図 1 は，あるきまりにしたがって，数を上から 1 段目，2 段目，3 段目，4 段目と順に並べたものである。このきまりにしたがって，図 2 のように，ある数 x，y を 1 段目として順に並べたところ，2 か所の数が 18 と 29 になった。連立方程式を使って，x，y にあてはまる数を求めなさい。(15 点) 〔山 梨〕

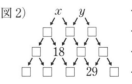

$\cdot\ \cdot$

1 (1) $\dfrac{1}{x}=X$，$\dfrac{1}{y}=Y$ とおきかえて X，Y の連立方程式を解く。

5 4 秒後と 10 秒後の点 P と点 Q の進んだ距離の関係を線分図にかいて見つけよう。

7 1次関数の式とグラフ ①

⌖← 重要点をつかもう

1 1次関数

y が x の1次式 $ax+b$ で表される関数を **1次関数**という。

$y=ax+b$（ただし，$a \neq 0$，a，b は定数）

2 変化の割合

① x の増加量に対する y の増加量の割合を**変化の割合**という。

② 1次関数 $y=ax+b$ では，変化の割合は一定で，a に等しい。

$$\text{変化の割合}=\frac{y \text{の増加量}}{x \text{の増加量}}=a$$

3 1次関数のグラフ

① 1次関数 $y=ax+b$ のグラフは，$y=ax$ のグラフを y 軸の正の方向に b だけ平行移動した直線である。

② 1次関数 $y=ax+b$ のグラフは**傾き**が a，**切片**が b の直線である。

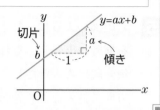

Step 1 基本問題

解答▶別冊21ページ

1 ［1次関数］次の関数の中で，1次関数であるものをすべて選びなさい。

ア $y=2x+3$　　**イ** $y=x^2+6$　　**ウ** $y=-x+\dfrac{1}{3}$

エ $y=\dfrac{4}{x}$　　**オ** $y=5x$　　**カ** $y=\dfrac{1}{3}-2x$

2 ［1次関数］次のうち，y が x の1次関数であるものはどれですか。

ア 1個90円のりんご x 個を80円のかごにつめてもらったときの代金 y 円

イ 半径 x cm の円の面積 y cm²

ウ 1本70円の鉛筆を x 本買い，1000円出したときのおつり y 円

エ 面積50 cm² の長方形の縦の長さ x cm と横の長さ y cm

オ 1個 x g のコイン6個の重さ y g

Guide

 確認　比例も1次関数

$y=ax+b$ の式で，$b=0$ の場合，$y=ax$ となり，比例の関係になる。このように，比例は1次関数の特別な場合である。

 くわしく　2次関数

$y=2x^2+1$ のように，y が x の2次式で表される関数を2次関数という。

3 [1次関数の値の変化] 次の問いに答えなさい。

(1) 次の1次関数の変化の割合をいいなさい。また，x の値が増加するとき，y の値はどうなりますか。

① $y=5x-4$ ② $y=-2x+6$

(2) 1次関数 $y=\dfrac{3}{4}x+1$ で，次の場合の y の増加量を求めなさい。

① x の増加量が1のとき   ② x の増加量が4のとき

4 [1次関数のグラフ] 次の1次関数のグラフを，同じ座標平面上にかきなさい。

(1) $y=2x-3$

(2) $y=-x+2$

(3) $y=\dfrac{1}{2}x+3$

(4) $y=-\dfrac{2}{3}x-2$

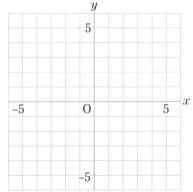

5 [グラフ上の点] 次の点**ア**～**カ**のうち，1次関数 $y=2x-3$ のグラフ上にあるものをすべて選びなさい。

ア $(2, 4)$ **イ** $(3, 3)$ **ウ** $(-2, 1)$

エ $(1, 1)$ **オ** $(-1, -4)$ **カ** $(0, -3)$

6 [1次関数と変域] 次の1次関数について，x の変域を $-2 \leqq x \leqq 3$ とするときの y の変域を求めなさい。

(1) $y=-x+2$ (2) $y=\dfrac{1}{2}x-3$

 変化の割合

1次関数 $y=ax+b$ の変化の割合 a は，x の値が1増加するのに対し，y の値がどれだけ変化するかを表す。

 y の増加量の求め方

y の増加量
＝変化の割合 $a×x$ の増加量

1次関数 $y=ax+b$ のグラフのかき方

① y 軸上に点 $(0, b)$ をとる。
② 傾き a を利用して点をとる。

a が整数のとき，

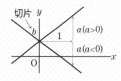

a が分数のとき，

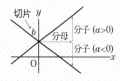

③ 2点を結んで直線をひく。

 変域

変数がとることのできる値の範囲を，その変数の変域という。

Step ② 標準問題

解答▶別冊22ページ

重要 1 y が x の関数であり，$y=3x-4$ という関係が成り立つとき，次の**ア～オ**のうち，正しいものをすべて選び，記号を書きなさい。(6点) 〔大 阪〕

ア y は x に比例する。　　　　　**イ** y は x に反比例する。

ウ 変化の割合が一定である。　　**エ** x の値が増加すれば，y の値は減少する。

オ x の値を1つ決めれば，y の値がただ1つ決まる。

2 次の**ア～カ**の1次関数について，下の問いに答えなさい。(6点×2)

ア $y=2x+3$　　　**イ** $y=-3x-4$　　**ウ** $y=4x$

エ $y=-\dfrac{x}{2}-2$　　**オ** $y=-\dfrac{1}{3}x$　　**カ** $y=\dfrac{3+x}{2}$

(1) 変化の割合が負である1次関数をすべて選びなさい。

(2) x の値が2増加すると y の値が1増加する1次関数はどれか，答えなさい。

3 y は x の1次関数で，対応する x，y の値が右の表のようになっているとき，p の値を答えなさい。(6点) 〔新 潟〕

x	…	0	1	…	p	…
y	…	6	4	…	0	…

重要 4 A市の1か月の水道料金は，水の使用量が $10\,m^3$ までは1200円，$10\,m^3$ をこえた分については，$1\,m^3$ ごとに240円を加算している。ただし，使用量は整数値で表すことになっている。次の □ にあてはまる数を記入しなさい。(8点×2)

(1) 今月の水の使用量は □ m^3 であったので，料金は3120円であった。

(2) 1か月の水の使用量を $x\,m^3\,(x\geqq10)$，その料金を y 円として，y を x で表すと，

$y=$ □ $x-$ □ （x は10以上の整数）となる。

5 次の1次関数のグラフをかきなさい。(4点×3)

(1) $y=3x-2$　　(2) $y=\dfrac{3}{2}x-1$

(3) $y=-\dfrac{1}{3}x+\dfrac{2}{3}$

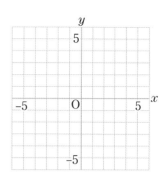

6 右の直線(1)〜(4)の式を求めなさい。(4点×4)

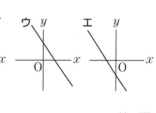

7 a, b を定数とする。右の**ア〜エ**のうち，$a+b<0$ であり，$ab>0$ でもあるときの関数 $y=ax+b$ のグラフの一例を示しているものはどれか。1つ選び，記号を書きなさい。(8点)　　〔大 阪〕

8 1次関数 $y=-\dfrac{2}{3}x+6$ について，次の問いに答えなさい。(8点×2)　　〔福 島〕

(1) $x=-3$ のときの y の値を求めなさい。

(2) y の変域が $-2\leqq y\leqq10$ となるような x の変域を求めなさい。

9 1次関数 $y=-2x+3$ において，x の変域が $1\leqq x\leqq a$ のとき，y の変域が $-3\leqq y\leqq b$ であった。このとき，a, b の値を求めなさい。(8点)

* * *

2 1次関数 $y=ax+b$ の変化の割合は，x の係数 a に等しい。変化の割合$=\dfrac{y \text{の増加量}}{x \text{の増加量}}=a$

9 1次関数 $y=-2x+3$ の変化の割合は -2 で負の数であるから，x の値が増加するとき，y の値は減少する。

8. 1次関数の式とグラフ ②

◎←重要点をつかもう

1 1次関数の式の求め方

①傾きと1点の座標が与えられたときは，$y=ax+b$ の a に傾きを，x，y に1点の座標を代入して b の値を求める。

②2点の座標が与えられたときは，次の2つの方法が考えられる。

　㋐2点の座標から傾きを求めて，①と同じように考えて求める。

　㋑$y=ax+b$ の x，y に2点の座標をそれぞれ代入して，a，b についての連立方程式をつくり，a，b の値を求める。

2 座標軸と平行な直線

①方程式 $y=k$ のグラフは，点 $(0,\ k)$ を通り，x 軸に平行な直線である。

②方程式 $x=\ell$ のグラフは，点 $(\ell,\ 0)$ を通り，y 軸に平行な直線である。

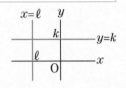

Step 1 基本問題

解答▶別冊23ページ

1 ［1次関数の式］次の(1)〜(4)で，y を x の式で表しなさい。

(1) y は x の1次関数で，そのグラフは傾きが -2 で切片が3の直線である。

(2) y は x の1次関数で，そのグラフは傾きが3で点 $(1,\ 2)$ を通る直線である。

(3) y は x の1次関数で，$x=1$ のとき $y=3$，$x=3$ のとき $y=-1$ である。

(4) y は x の1次関数で，変化の割合が $\dfrac{3}{4}$ で $x=-4$ のとき $y=1$ である。

Guide

 変化の割合と傾き

傾きは x の増加量1に対する y の増加量を表しているので，変化の割合に等しい。

覚える 2点を通る直線の傾き

傾きは変化の割合に等しいから，2点 $(a,\ b)$，$(c,\ d)$ を通る直線の傾き m は，

$$m=\frac{d-b}{c-a}$$

重要 2 ［直線の式］次の(1)～(4)の直線の式を求めなさい。

(1) 傾きが -1 で，切片が 2 の直線

(2) 傾きが 5 で，点 $(1,\ -1)$ を通る直線

(3) 2 点 $(1,\ 4)$，$(5,\ 0)$ を通る直線

(4) 直線 $y=2x-4$ に平行で，点 $(-1,\ 3)$ を通る直線

重要 3 ［方程式のグラフ］次の方程
式のグラフをかきなさい。

(1) $3x-y=2$

(2) $2x+5y-10=0$

(3) $2y+6=0$

(4) $-x+3=0$

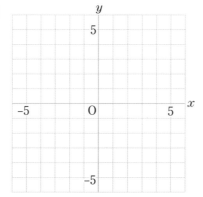

4 ［連立方程式の解とグラフ］次の連立方程式の解を，方程式の
グラフをかいて求めなさい。

(1) $\begin{cases} 2x-y=-2 & \cdots\cdots① \\ x+y=-4 & \cdots\cdots② \end{cases}$

(2) $\begin{cases} x-y=-4 & \cdots\cdots① \\ 5x+3y=-12 & \cdots\cdots② \end{cases}$

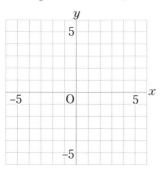

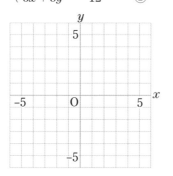

 平行な 2 直線の傾き

平行な 2 直線の式は傾きが等
しい。

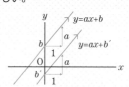

 2 元 1 次方程式
$ax+by=c$ **のグラフ**

$a \neq 0$，$b \neq 0$ のとき，
$ax+by=c$ を y について
解くと，1 次関数の式

$$y=-\frac{a}{b}x+\frac{c}{b}$$
　　傾き　　切片

になる。

確認 連立方程式とグラフ

▶ x，y についての連立方程
式の解は，それぞれの方程
式のグラフの交点の x 座
標，y 座標の組である。

$$\begin{cases} ax+by=c \\ a'x+b'y=c' \end{cases} \text{の解は}$$

$x=p,\ y=q$

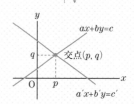

▶ 2 直線の交点の座標は，連
立方程式を解いて求めるこ
とができる。

【　　月　　日】

Step 2 標準問題

時間 35分　合格点 80点　得点　　点

解答▶別冊24ページ

1 次の問いに答えなさい。(4点×7)

(1) 変化の割合が -3 で，$x=-1$ のとき $y=5$ である1次関数の式を求めなさい。〔茨　城〕

(2) グラフが点 $(1,\ 3)$ を通り，傾(かたむ)き2の直線である1次関数の式を求めなさい。〔鳥　取〕

(3) グラフが2点 $(3,\ -2)$，$(-1,\ 6)$ を通る直線である1次関数の式を求めなさい。

(4) グラフの切片が6で，点 $(5,\ 4)$ を通る直線の式を求めなさい。

(5) 直線 $y=-3x$ に平行で，直線 $y=\frac{1}{2}x-3$ と x 軸(じく)上で交わる直線の式を求めなさい。

(6) 1次関数 $y=ax+b$ について，$x=2$ のとき $y=-3$ となり，x の値が3増加すると，y の値が3減少する。このとき，a，b の値を求めなさい。〔近畿大附高〕

(7) a が負の数である1次関数 $y=ax+3$ について，x の変域が $-1 \leqq x \leqq 2$ のとき，y の変域は $-1 \leqq y \leqq 5$ であった。このとき，a の値を求めなさい。〔石　川〕

重要 **2** 次の直線の式を求めなさい。(5点×2)

(1) 点 $(1,-3)$ を通り，x 軸に平行な直線　　(2) 点 $(4,\ 5)$ を通り，y 軸に平行な直線

3 次の2直線の交点の座標を求めなさい。(5点×2)

(1) $\begin{cases} 3x+y=1 \\ x-2y=-1 \end{cases}$

(2) $\begin{cases} -2x+3y=2 \\ y=2x-4 \end{cases}$

4 次の問いに答えなさい。(8点×2)　　　　　　　　　〔高知〕

(1) 右の図に，方程式 $3x-2y=4$ のグラフをかきなさい。

(2) 傾き -2 で，点 $(5, -5)$ を通る直線と(1)のグラフとの交点の座標を求めなさい。

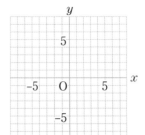

5 右の図で，直線 ℓ の式は $y=-x+4$ であり，直線 m は2点 $(0, -1)$, $(2, 3)$ を通る。次の問いに答えなさい。(8点×2)　　　〔三　重〕

(1) 直線 m の式を求めなさい。

(2) 2つの直線 ℓ, m の交点の座標を求めなさい。

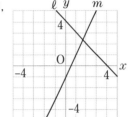

6 次の問いに答えなさい。(10点×2)

(1) 3直線 $3x+2y=-2$, $x-2y=-6$, $2x-y=a$ が1点で交わるとき，定数 a の値はいくつになりますか。求め方も書きなさい。

(2) 2つの方程式 $x+2y=1$ と $2x+3y=3$ のグラフの交点は $(\boxed{ア}, \boxed{イ})$ である。また，点 $(2, 1)$ を通り，方程式 $x+2y=1$ のグラフに平行な直線の方程式は，$x+\boxed{ウ}y=\boxed{エ}$ である。$\boxed{}$ にあてはまる数を求めなさい。　　　　　　　　　〔大阪教育大附高(池田)〕

---

1 (5) 直線と x 軸の交点の座標は直線の式に $y=0$ を代入して求めることができる。

(7) a が負の数であることと，x と y の変域から2点の座標を求められる。

6 (1) まず2直線 $3x+2y=2$, $x-2y=-6$ の交点の座標を求める。

9 1次関数のグラフと図形

重要点をつかもう

1 三角形の面積

右の図で，△ABC の面積は，

$$\triangle ABC = \frac{1}{2} \times \underline{BC} \times \underline{AH}$$

　└─ 点 A の y 座標
　└─（点 C の x 座標）－（点 B の x 座標）

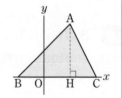

2 三角形の面積の 2 等分

① 三角形の頂点を通り，面積を 2 等分する直線は，頂点に向かい合う辺の中点を通る。

② 2 点 (a, b)，(c, d) を結ぶ線分の中点の座標は，

$$\left(\frac{a+c}{2},\ \frac{b+d}{2} \right)$$

Step 1 基本問題

解答▶別冊25ページ

1 ［三角形の面積］右の図について，次の問いに答えなさい。

(1) 直線 ℓ，m の式をそれぞれ求めなさい。

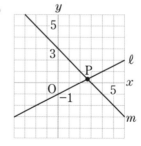

(2) 直線 ℓ と直線 m の交点 P の座標を求めなさい。

(3) 直線 ℓ，m と y 軸によって囲まれた三角形の面積を求めなさい。

Guide

確認 点と垂線の長さ

▶点 (a, b) から x 軸へひいた垂線の長さは，y 座標 b の絶対値である。

▶点 (a, b) から y 軸へひいた垂線の長さは，x 座標 a の絶対値である。

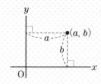

重要 2 [三角形の面積] 右の図のように, 2点 A, B を通る直線と y 軸との交点を C とする。次の問いに答えなさい。

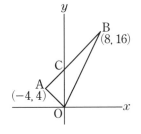
B (8, 16)
C
A (−4, 4)
O

(1) 点 C の座標を求めなさい。

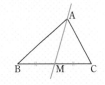

確認　三角形の面積

座標平面上の三角形の面積を考えるときは, 軸や軸に平行な線分を底辺や高さにすることを考えるとよい。

(2) △OAB の面積を求めなさい。

3 [三角形の面積の2等分] 右の図の直線① は $y=x+3$, 直線② は $y=-2x+12$ のグラフである。次の問いに答えなさい。

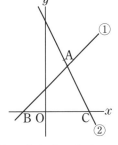
①
A
B O C
②

(1) 点 A の座標を求めなさい。

(2) 点 B を通り, △ABC の面積を2等分する直線の式を求めなさい。

くわしく　三角形の面積の2等分

下の図のように, △ABC の辺 BC の中点を M とすると,
BM=CM
△ABM と △ACM は高さが共通で底辺の長さが等しいので, △ABM＝△ACM

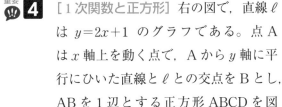
A
B M C

重要 4 [1次関数と正方形] 右の図で, 直線 ℓ は $y=2x+1$ のグラフである。点 A は x 軸上を動く点で, A から y 軸に平行にひいた直線と ℓ との交点を B とし, AB を1辺とする正方形 ABCD を図のようにつくる。

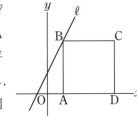
ℓ
B C
O A D

(1) 点 A の x 座標が1のとき, 正方形 ABCD の面積を求めなさい。

くわしく　平行四辺形の2等分

平行四辺形を2等分する直線は, 対角線の交点を通る。

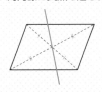

(2) 点 A の x 座標を $a\,(a>0)$ とするとき, 点 C の座標を a を使って表しなさい。

解答▶別冊26ページ

重要 1 2直線 $x-2y=-2$ ……①, $ax-y=3$ ……② が点 A で交わっている。また, 直線①, ②と y 軸との交点を, それぞれB, Cとする。△ABC の面積が8であるとき, 次の問いに答えなさい。(6点×3)

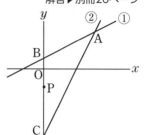

(1) 点 A の座標と a の値を求めなさい。

(2) △ABO と △ACO の面積比を求めなさい。

(3) 線分 BC 上に点 P をとる。直線 AP が △ABC の面積を2等分するとき, 直線 AP の式を求めなさい。

2 右の図のように, 2点 A$(3, 8)$, B$(9, 0)$ を通る直線 ℓ がある。次の問いに答えなさい。(6点×2)　　　　　　　〔岩 手〕

(1) 直線 ℓ の傾きを求めなさい。

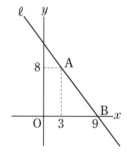

(2) A と異なる点 P が線分 AB 上にある。P の x 座標を t, △OAP の面積を S とするとき, S を t の式で表しなさい。

3 右の図のように, 点 P$(2, 6)$ を通る直線 ℓ と点 Q を通る直線 $y=-x+3$ が点 A$(0, 3)$ で交わっており, 線分 PQ は y 軸に平行である。また, 四角形 PQRS が正方形となるように, 点 R, S をとる。このとき, 点 R の x 座標は, 点 Q の x 座標より大きいものとする。次の問いに答えなさい。(7点×2)　　　　　　〔山 口〕

(1) 直線 ℓ の傾きを求めなさい。

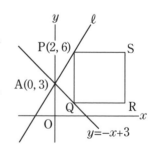

(2) 点 R の座標を求めなさい。

重要 **4** 右の図のように，関数 $y=2x$，$y=ax+6$ のグラフがある。この 2つのグラフは交わっており，その交点を A とする。また，関数 $y=2x$ のグラフ上の 2点 O，A の間に点 B をとり，関数 $y=ax+6$ のグラフ上に点 C をとる。2点 B，C から x 軸にひいた垂線と x 軸との交点をそれぞれ D，E とする。ただし $a<0$ とする。これについて，次の問いに答えなさい。(8点×3)　〔広島〕

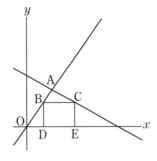

(1) 直線 OA が点 $(4,\ b)$ を通るとき，b の値を求めなさい。

(2) $a=-2$ のとき，点 A の座標を求めなさい。

(3) 点 D の座標が $(2,\ 0)$ であり，四角形 BDEC が正方形となるとき，a の値を求めなさい。

5 右の図のように，原点を O とし，4点 A$(1,\ 4)$，B$(1,\ 2)$，C$(5,\ 2)$，D$(5,\ 4)$ がある。次の問いに答えなさい。(8点×4)　〔佐賀－改〕

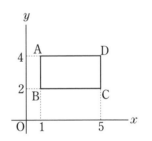

(1) 2点 O，A を通る直線の式を求めなさい。

(2) 点 D を通り，2点 O，A を通る直線に平行な直線の式を求めなさい。

(3) x 軸上に x 座標が正である点 P をとり，△OAP の面積が △OAD の面積と等しくなるようにする。次の①，②の各問いに答えなさい。
① 点 P の座標を求めなさい。

② 2点 A，P を通る直線と 2点 B，C を通る直線との交点を E とする。このとき，△OAE の面積を求めなさい。

ヒント

4 (1) △ABC の面積＝$\dfrac{1}{2}$×BC×（点 A の x 座標）と考える。

5 (3) ①△OAP と △OAD の面積は，OP＝AD＝5－1 のとき等しくなる。

10 １次関数の利用

🎯 **重要点をつかもう**

1　１次関数の利用

①**ばねの長さとおもりの重さの関係**…ばねののびは，下げたおもりの重さに比例する。

　ばねの長さ＝<u>のびた長さ</u>＋最初の長さ
　　　　　　　┗おもりの重さに比例する部分

②**図形の周上を動く点と面積**…動く点の問題では，辺ごとにそれぞれ考える。

　x の変域によって，式が変わっていく。

③**速さ・道のり・時間の問題**…x 軸に時間，y 軸に道のりをとると，直線の傾きは速さを表している。

Step 1 基本問題

解答▶別冊27ページ

1 ［ばねの長さと重さの問題］右の図のようなつる
まきばねがある。xg のおもりをつるしたときの
ばねの長さを y cm とすると，$0 \leqq x \leqq 120$ の範囲
で，y は x の１次関数であるという。このばねに
ついて，x と y との関係を調べたところ，下の表
のようになった。次の問いに答えなさい。

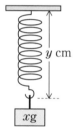

〔岐阜－改〕

x (g)	…	30	…	60	…
y (cm)	…	10	…	12	…

(1) x と y の関係を式で表しなさい。また，
グラフにかきなさい。　　（$0 \leqq x \leqq 120$）

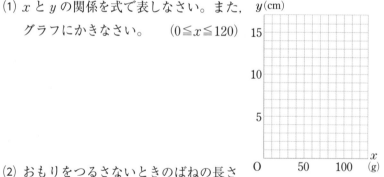

(2) おもりをつるさないときのばねの長さ
は何 cm になるかを求めなさい。

Guide

🔍 **確認**　ばねの長さとおもりの
重さの関係

ばねの長さ
　　y
＝おもりの重さに比例する部分
　　　　　　ax
　＋最初の長さ
　　　b

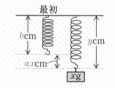

2 [面積の変化] 右の図のように 1 辺が 6 cm の正方形 ABCD がある。いま，点 P が A を出発して，毎秒 2 cm の速さでこの正方形の辺上を B，C，D の順に D まで動く。P が A を出発して x 秒後の △APD の面積を y cm² とするとき，次の問いに答えなさい。

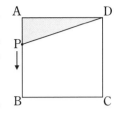

(1) 次のそれぞれの場合について，y を表す式をつくりなさい。

① $0 \leqq x \leqq 3$

② $3 \leqq x \leqq 6$

③ $6 \leqq x \leqq 9$

(2) 点 P が A から D まで動くときの x と y の関係をグラフに表しなさい。

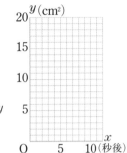

 くわしく 面積の変化

2 (1)で，△APD の面積は次のように変化する。

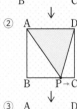

 3 [道のりの変化] A さんの家から公園までの道のりは 3000 m である。A さんは午前 7 時に家を出発し，毎分 150 m の速さで公園まで走った。公園で 5 分間休憩した後，午前 7 時 25 分に公園を出発し，家から公園まで

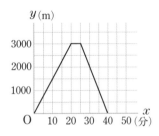

走った道と同じ道を，一定の速さで家まで走り，午前 7 時 40 分に家に到着した。上の図は，A さんが家を出発してから x 分後の A さんがいる地点と家との間の道のりを y m として，x と y の関係をグラフに表したものである。次の問いに答えなさい。

〔京都〕

(1) A さんが午前 7 時 25 分に公園を出発して午前 7 時 40 分に家に到着するまで，毎分何 m の速さで走ったか求めなさい。また，そのときの y を x の式で表しなさい。

(2) A さんのおじいさんは午前 7 時に A さんと同時に家を出発し，A さんが走った道と同じ道を，一定の速さで公園まで歩いた。その途中，午前 7 時 32 分に，公園から家に向かう A さんと出会った。おじいさんが，家を出発してから公園に到着するまで，毎分何 m の速さで歩いたか求めなさい。

くわしく 道のり，速さの問題

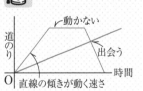

Step 2 標準問題

解答▶別冊28ページ

重要 1 家からの道のりが 1.6 km である学校へ向かって，弟が家を出発しました。その 10 分後に兄が家を出発し，同じ道を自転車に乗って追いかけました。弟の歩く速さを分速 80 m，兄の自転車の速さを分速 280 m とし，兄が出発してから x 分後の兄の進んだ道のりを y m とするとき，次の問いに答えなさい。(8点×3)　〔沖　縄〕

(1) $x=2$ のときの y の値を求めなさい。

(2) 兄が弟に追いつくのは，兄が出発してから何分後か求めなさい。

(3) 兄は，弟に追いついたら自転車を降りて，弟と一緒に歩き，学校へ着いた。このとき，x と y の関係を表したグラフとして最も適するものを，次の図1〜図4のうちから1つ選びなさい。

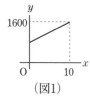
（図1）

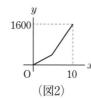
（図2）

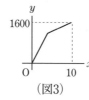
（図3）

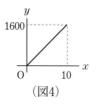
（図4）

2 右の図1のように，AB＝6 cm，BC＝4 cm の長方形 ABCD の辺 AD 上に点 E があり，AE＝2 cm となっている。点 P は A を出発して，この長方形の辺上を B，C を通って D まで動く。▢ は，点 P が辺上を動いたときの，線分 EP が通った部分を表している。点 P が A から x cm 動いたときの，線分 EP が通った部分の面積を y cm² とする。次の問いに答えなさい。　〔岩　手〕

（図1）

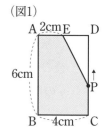

(1) 点 P が辺 AB 上を動くとき，y を x の式で表しなさい。(8点)

(2) 点 P が辺 BC 上を動くとき，y を x の式で表しなさい。(8点)

(3) 線分 EP が通った部分の面積の変化のようすを表すグラフを，図2にかき入れなさい。(10点)

（図2）

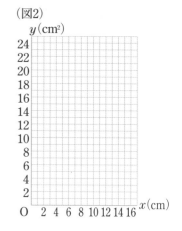

3 ある電話会社には，A，B 2種類の料金プランがある。A プランは，月額基本使用料が 2000 円，1分あたりの通話料が 20 円である。B プランは，月額基本使用料が 3000 円，1か月の合計通話時間が 80 分までは通話料 0 円，80 分を超えると超えた分について 1分あたりの通話料が 25 円である。

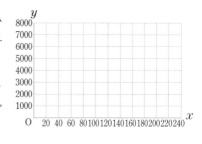

1か月に x 分通話するときの電話の使用料を y 円とするとき，次の問いに答えなさい。ただし，1か月の電話の使用料とは，月額基本使用料と通話料との合計である。(10点×2)　〔愛　知〕

(1) B プランの x と y の関係をグラフに表しなさい。

(2) B プランの使用料が A プランの使用料以下になるのは，1か月の通話時間が何分から何分までのときですか。

4 右の図1のように，縦 30 cm，横 40 cm，高さ 20 cm の直方体の形をした空の水そうがある。この中に，高さ 12 cm の直方体の鉄のおもりを，水そうの底とのすき間ができないように置き，毎分 600 cm³ の割合で，水そうがいっぱいになるまで水を入れる。水を入れ始めてから x 分後の，水そうの底から水面までの高さを y cm とする。右の図2は，水を入れ始めてから 10 分後までの，x と y の関係をグラフに表したものである。このとき，次の問いに答えなさい。(10点×3)　〔新　潟〕

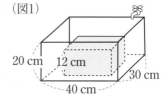
(図1)

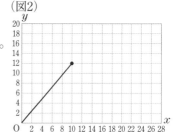
(図2)

(1) 水を入れ始めてから 4 分後の，水そうの底から水面までの高さを求めなさい。

(2) 水そうの底から水面までの高さが 12 cm から 20 cm まで変化するとき，次の問いに答えなさい。

① y を x の式で表しなさい。また，このときの x の変域を求めなさい。

② x と y の関係を表すグラフを，図2にかき加えなさい。

---

2 (2) 点 P が BC 上を動くとき，BP＝$x-6$ (cm) である。
3 (2) A プランと B プランのグラフを重ねてかいて考える。
4 (2) 12≦y≦20 のとき，水そうの容積は，30×40×(20−12) cm³ である。

Step 3 実力問題①

解答▶別冊29ページ

1 次の □ にあてはまる数を求めなさい。(7点×2)

(1) 3点 $(-6, -2)$, $(3, 4)$, $(a, -5)$ が一直線上にあるとき，a の値は □ である。

〔國學院大久我山高〕

(2) 1次関数 $y=-2x+$ ① について，x の変域が ② $\leqq x \leqq 2$ のとき，y の変域が $1 \leqq y \leqq 7$ である。

〔佐 賀〕

2 右の図のように，2直線 $y=2x$, $y=-x+12$ がある。2直線の交点を A とし，△OAB の内部にある長方形 CDEF は辺 DE が x 軸上にあり，頂点 C, F はそれぞれ AO, AB 上にある。次の問いに答えなさい。(7点×2) 〔東京家政大附属女子高〕

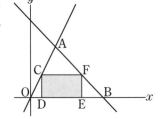

(1) 点 A の座標を求めなさい。

(2) 点 C の x 座標が a であるとき，長方形 CDEF の辺 CD と辺 CF の比が $1:2$ となるように a の値を定めなさい。

3 右の図1のように，AB$=12$ cm，BC$=9$ cm，DA$=12$ cm，∠A$=$∠B$=90°$ の四角形 ABCD がある。点 P は，A を出発し，毎秒 6 cm の速さで辺 AD 上を 3 往復する。一方，点 Q は，点 P が A を出発するのと同時に C を出発し，毎秒 3 cm の速さで辺 CB 上を 2 往復する。図2は，点 P が A を出発してから x 秒後の AP の長さを y cm として，x と y の関係を表したグラフの一部である。次の問いに答えなさい。(8点×3) 〔富 山〕

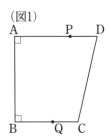

(図1)

(1) 点 P が辺 AD 上を 3 往復し終わるまでの x と y の関係を表すグラフを完成させなさい。

(2) $0 \leqq x \leqq 3$ のとき，BQ の長さを x を使った式で表しなさい。

(3) 線分 PQ の長さが最も短くなることが何回かある。その回数を求めなさい。

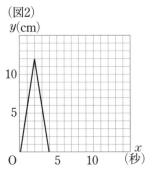

(図2)

4 右の図のように，2点 A$(-2, 1)$，B$(4, 4)$ があるとき，次の問い
に答えなさい。(8点×2)　　　　　　　　　　　　　　　　〔長 崎〕

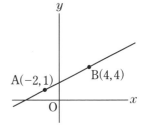

(1) 直線 AB の式を求めなさい。

(2) y 軸上に点 P$(0, k)$ をとる。三角形 ABP の面積が 16 となるとき，k の値をすべて求めなさい。

5 右の図で，直線 ℓ は関数 $y=ax$ のグラフ，曲線 m は関数 $y=\dfrac{b}{x}$
のグラフである。2点 A，B は直線 ℓ と曲線 m との交点であり，A
の座標は $(5, 2)$，B の座標は $(-5, -2)$ である。また，点 C は y
軸上にあり，その座標は $(0, 7)$ である。2点 A，C を通る直線を n，
原点を O として，次の問いに答えなさい。(8点×4)　　　　　〔奈 良〕

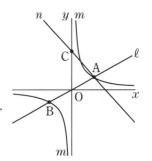

(1) a, b の値をそれぞれ求めなさい。

(2) 直線 n の式を求めなさい。

(3) △OAC を，辺 OC を軸として 1 回転させてできる立体の体積を求めなさい。ただし，円周
率は π とする。

^{難問}(4) y 軸上に 2点 P，Q を，四角形 APBQ が平行四辺形となるようにとる。平行四辺形 APBQ
の面積と △OAC の面積が等しくなるとき，点 P の y 座標を求めなさい。ただし，点 P の y
座標は正の数とする。

- -

ヒント

1 (1) 2点 $(-6, -2)$，$(3, 4)$ を通る直線上に点 $(a, -5)$ がある。
3 (3) PQ の長さが最も短くなるのは，PQ⊥AD のときである。
5 (4) 平行四辺形 APBQ の面積＝△APQ の面積×2 である。

1年の復習
第1章
第2章
第3章
第4章
第5章
第6章
総仕上げテスト

Step **3** 実力問題②

解答▶別冊30ページ

1 たくや君の家と市役所の間の道のりは5000 m ある。たくや
君は家から市役所まで一定の速さで歩いた。姉のさくらさ
んは，たくや君が家を出発して16分後に市役所を出発し，
同じ道を家まで分速 220 m の速さで自転車に乗り移動した。
右の図は，たくや君が家を出発してから x 分後の，家から
たくや君までと家からさくらさんまでの道のりを y m とし
て，x，y の関係をそれぞれグラフに表したものである。次
の問いに答えなさい。(10点×2) 〔大 分〕

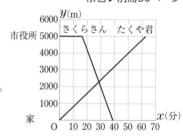

(1) グラフから，たくや君の歩く速さは分速何 m か求めなさい。

(2) 家から2人がすれちがった地点までの道のりを求めなさい。

2 右の図のような四角形 ABCD がある。点 P は，点 A を出発して，
毎秒 1 cm の速さで，四角形 ABCD の辺上を点 B を通って点 C
まで動く点である。点 P と点 C，点 P と点 D をそれぞれ結ぶ。
右のグラフは，点 P が点 A を出発してからの時間を x 秒，その
ときの △CDP の面積を y cm^2 として，x と y の関係を表したも
のである。次の問いに答えなさい。(10点×3) 〔香 川〕

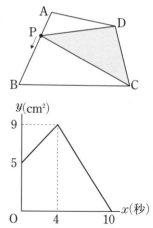

(1) 辺 BC の長さは何 cm ですか。

(2) 右のグラフで，x の変域が $4 \leqq x \leqq 10$ のとき，y を x の式で表し
なさい。

(3) 点 P が点 A を出発してから a 秒後の △CDP の面積と，a 秒からさらに4秒経過した b 秒後
の △CDP の面積が等しくなった。このとき，a，b の値を求めなさい。

1年・復習

第1章

第2章

第3章

第4章

第5章

第6章

総仕上げテスト

3 右の図のように，点 A(4, 0) と点 (0, 8) を通る直線を ℓ，点 B$\left(-\dfrac{3}{2},\ 3\right)$ を通り，傾きが $\dfrac{2}{3}$ である直線を m とする。また，ℓ と m との交点を C とする。次の問いに答えなさい。(10点×3)

〔福 島〕

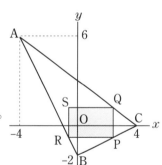

(1) 直線 m の式を求めなさい。

(2) 点 C の座標を求めなさい。

難問 (3) O を出発点として，四角形 OACB の周上を O→A→C→B の順に O から B まで動く点を P とする。△OPB の面積が四角形 OACB の面積の $\dfrac{1}{4}$ になるときの点 P の座標をすべて求めなさい。

4 右の図のように，3 点 A(−4, 6)，B(0, −2)，C(4, 0) を頂点とする △ABC がある。辺 BC 上の点 P に対して，辺 AC 上に点 Q を PQ と y 軸が平行になるようにとり，辺 AB 上に点 R を PR と x 軸が平行になるようにとる。さらに，四角形 PQSR が長方形になるように点 S をとるとき，次の問いに答えなさい。

(10点×2)〔明治大付属明治高−改〕

(1) 点 P の x 座標を a とするとき，PQ の長さを a の式で表しなさい。

(2) 四角形 PQSR が正方形になるとき，点 P の x 座標を求めなさい。

- -

 ヒント

1 (2) たくや君とさくらさんのグラフの式をそれぞれ求めて，連立方程式として解く。

3 (3) 直線 m が x 軸と交わる点を D とし，点 D の座標を求める。
このとき，四角形 OACB の面積＝△DAC の面積−△DOB の面積 である。

11. 平行線と図形の角 ①

1 対頂角

① 2直線が交わってできる角のうち，向かい合った2つの角を**対頂角**という。

②**対頂角の性質**…対頂角は等しい。

2 平行線と角の関係

① 右の図の ∠a と ∠b のような位置にある2つの角を**同位角**といい，∠a と ∠c
のような位置にある2つの角を**錯角**という。

② 2直線に1つの直線が交わるとき，

　㋐ 2直線が平行ならば，同位角，錯角は等しい。（**平行線の性質**）

　㋑ 同位角か錯角が等しければ，2直線は平行である。（**平行線になる条件**）

Step 1 基本問題

解答▶別冊31ページ

1 ［対頂角］右の図のように，3つの直線
が1点で交わっている。

(1) ∠a の対頂角は，どの角ですか。

(2) ∠e と等しい角は，どの角ですか。

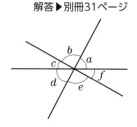

2 ［対頂角］次の図で，∠x，∠y の大きさを求めなさい。

(1)

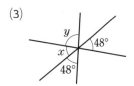

(2)

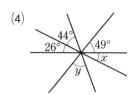

(3)

(4)

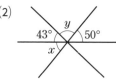

Guide

覚える 対頂角の性質

対頂角は等しい。

∠a＝∠c，∠b＝∠d

確認 同位角と錯角

同位角	錯角
∠a と ∠e	∠c と ∠e
∠b と ∠f	∠d と ∠f
∠c と ∠g	
∠d と ∠h	

3 [同位角・錯角] 右の図で，∠d の同位角はどれですか。また，∠c の錯角はどれですか。

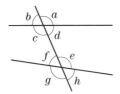

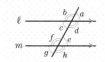
覚える　平行線の性質

2直線が平行ならば，同位角，錯角は等しい。

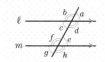

同位角	錯角
∠a＝∠e	∠c＝∠e
∠b＝∠f	∠d＝∠f
∠c＝∠g	
∠d＝∠h	

重要 **4** [平行線の性質] 右の図で，$\ell \parallel m$ のとき，次の角の大きさを求めなさい。

(1) ∠b　　　　　(2) ∠f

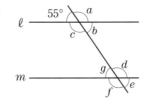

(3) ∠a と等しい角を，すべて書きなさい。

(4) ∠c＋∠g

5 [平行線の性質] 次の図で，$\ell \parallel m$ のとき，∠x の大きさを求めなさい。

(1)
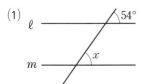

(2) 〔沖縄〕
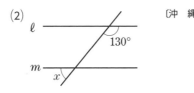

くわしく　平行線の内側の角

次の図で，$\ell \parallel m$ のとき，
∠a＋∠b＝180°

∠a と∠b のような位置にある角を同側内角という。

重要 **6** [平行線になる条件] 右の図で，$\ell \parallel m$ である。このとき，

(1) ∠x の大きさを求めなさい。

(2) m と n の関係はどんな関係ですか。

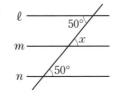

確認　平行線になる条件

同位角か錯角が等しければ，2直線は平行である。

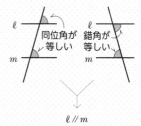

$\ell \parallel m$

7 [平行線になる条件] 次の図で，2直線 ℓ，m が平行であるものはどれですか。

ア
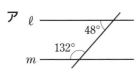

イ
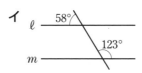

12 平行線と図形の角 ②

◀━ 重要点をつかもう

1 三角形の内角・外角

①三角形の**内角の和**は 180° である。

②三角形の**外角**は，それととなり合わない 2 つの内角の和に等しい。

2 三角形の分類

① 0°より大きく 90°より小さい角を**鋭角**，90°より大きく 180°より小さい角を**鈍角**という。

②三角形は，その内角の大きさによって次のように分類できる。

　鋭角三角形… 3 つの角がすべて鋭角

　直角三角形… 1 つの角が直角

　鈍角三角形… 1 つの角が鈍角

鋭角三角形　　直角三角形　　鈍角三角形

3 多角形の内角・外角

① n 角形の内角の和は $180° \times (n-2)$

②多角形の外角の和は 360° である。（外角の和は辺の数に関係なく一定）

Step 1 基本問題

解答▶別冊32ページ

1 ［三角形の内角・外角］次の図で，∠x の大きさを求めなさい。

(1)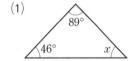

(2)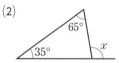

(3)

2 ［多角形の内角］次の図で，∠x の大きさを求めなさい。

(1)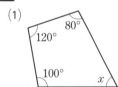

(2)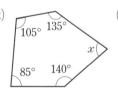

(3)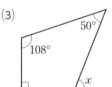

Guide

確認 三角形の内角と外角

確認 三角形の角の性質

▶内角の和は 180°

$\angle a + \angle b + \angle c = 180°$

▶外角はこれととなり合わない 2 つの内角の和に等しい。

$\angle d = \angle a + \angle b$

3 [三角形の分類] △ABC の 2 つの内角が次のような大きさであるとき，△ABC は，鋭角三角形，直角三角形，鈍角三角形のどれか，答えなさい。

(1) 50°，60°

(2) 25°，30°

(3) 15°，90°

(4) 45°，80°

 くわしく **n 角形の内角の和**

下の図のように，n 角形は 1 つの頂点からひいた対角線によって，(n−2) 個の三角形に分けられる。よって，n 角形の内角の和は，180°×(n−2)

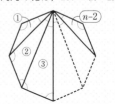

 4 [多角形の内角と外角の和] 次の問いに答えなさい。

(1) 七角形の内角の和と外角の和を，それぞれ求めなさい。

(2) 正八角形について次の各問いに答えなさい。

① 内角の和を求めなさい。

② 1 つの内角の大きさを求めなさい。

③ 1 つの外角の大きさを求めなさい。

(3) 正 n 角形の 1 つの外角の大きさが 18° であるとき，n の値を求めなさい。

(4) 正 n 角形の 1 つの内角の大きさが 144° であるとき，n の値を求めなさい。

くわしく **多角形の外角の和**

下の図のように，多角形の外角は 1 点に集めることができるから，外角の和は 360° である。

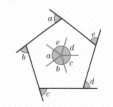

5 [多角形の対角線] ☐ にあてはまる数を記入しなさい。

　六角形では，1 つの頂点から $^{(1)}$☐ 本の対角線をひくことができる。そして，1 つの頂点からひいたこれらの対角線によって六角形は $^{(2)}$☐ 個の三角形に分けられる。また，六角形の対角線は，全部で $^{(3)}$☐ 本ある。

確認 **n 角形の対角線の数**

▶ n 角形では，1 つの頂点から (n − 3) 本の対角線をひくことができる。

▶ n 角形の対角線の数は，$\dfrac{n(n-3)}{2}$ 本

1年の復習

第1章

第2章

第3章

第4章

第5章

第6章

総仕上げテスト

解答▶別冊32ページ

重要 **1** 次の図で, ℓ∥m のとき, ∠x の大きさを求めなさい。(5点×6)

(1)

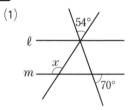

(2) 〔栃 木〕

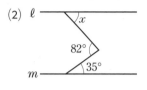

(3) 〔長 野〕

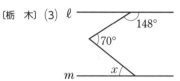

(4) 〔岩 手〕

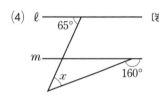

(5) 〔秋 田〕

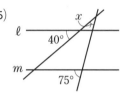

(6) 〔和歌山〕

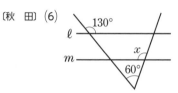

2 次の図で, ∠x の大きさを求めなさい。(5点×6)

(1) 〔栃 木〕

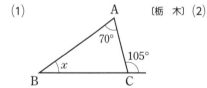

(2) 〔長 崎〕

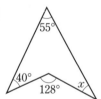

(3)

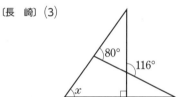

(4) 〔長 崎〕

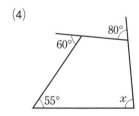

(5) 〔岩 手〕

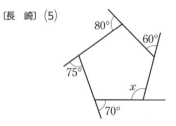

(6) 〔北海道〕

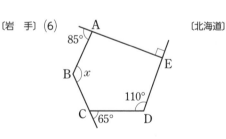

3 右の図で，五角形 ABCDE は正五角形であり，点 P は辺 DE の延長上にある。∠x の大きさを求めなさい。(8点)　　　　〔福島〕

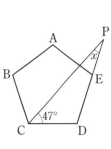

4 右の図のように，△ABC があり，∠A＝80° となっている。∠B と ∠C の二等分線の交点を P とするとき，∠BPC の大きさを求めなさい。(8点)　　　　〔岩手〕

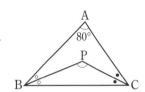

重要 5 右の図のように，1つの平面上に四角形 ABCD と △CDE があり，∠ADE＝2∠CDE，∠BCE＝2∠DCE である。
∠ABC＝71°，∠BAD＝100° のとき，∠CED の大きさは何度ですか。
(8点)〔広島〕

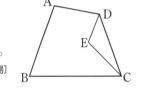

6 右の図において，ℓ // m であるとき，$a+b$ の値を求めなさい。
(8点)〔修道高－改〕

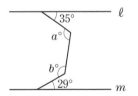

重要 7 右の図のように，長方形と正三角形を重ねたとき，∠x の大きさを求めなさい。(8点)　　　　〔佐賀〕

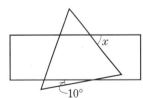

ヒント

1 (2)(3) 直線 ℓ，m に平行な直線をひいて求める。

2 (2) 三角形の内角と外角の関係を利用する。

4 ○＝a°，●＝b° として，a°＋b° が何度になるかを考える。

13 合同な図形

重要点をつかもう

1 合同な図形

① 四角形 ABCD と四角形 EFGH が合同であることを
四角形 ABCD≡四角形 EFGH と表す。

② 合同な図形の性質

㋐ 対応する線分の長さは等しい。

㋑ 対応する角の大きさは等しい。

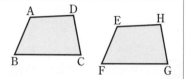

2 三角形の合同条件

2 つの三角形は，次の各場合に合同である。

① 3 組の辺がそれぞれ等しい。

② 2 組の辺とその間の角がそれぞれ等しい。

③ 1 組の辺とその両端の角がそれぞれ等しい。

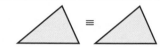

Step 1 基本問題

解答▶別冊34ページ

1 [合同な図形] 次の図の中に，点 B′，点 F をとり，
四角形 A′B′C′D′ と四角形 EFGH が，それぞれ四角形 ABCD
と合同になるようにしなさい。

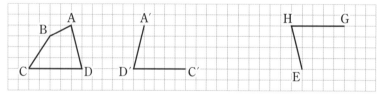

2 [合同な三角形] 次の図で，合同な三角形の組を選び，記号≡
を使って表しなさい。また，そのときの合同条件もいいなさい。

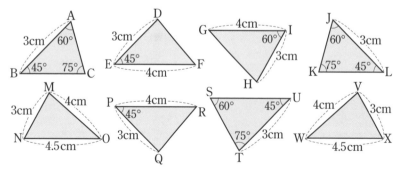

Guide

確認 合同な図形の性質

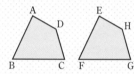

四角形 ABCD と四角形
EFGH が合同であるとき，

▶ AB＝EF，BC＝FG，
CD＝GH，DA＝HE

▶ ∠A＝∠E，∠B＝∠F，
∠C＝∠G，∠D＝∠H

注意 合同を表す記号≡

≡を使うときは，対応する頂
点を同じ順に並べて書く。

3 [三角形の合同] 次のうち，△ABC≡△DEF であるといえるのはどれですか。

ア ∠A=∠D，∠B=∠E，∠C=∠F
イ BC=EF，AC=DF，∠B=∠E
ウ AB=DE，AC=DF，∠A=∠D

4 [三角形の合同条件] 次の図で，[ ]内のことがいえるのは，三角形のどの合同条件によるか，答えなさい。ただし，同じ印をつけた辺や角は，それぞれ等しいものとする。

(1)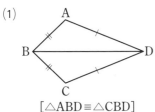

[△ABD≡△CBD]

(2)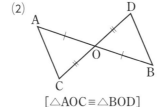

[△AOC≡△BOD]

(3)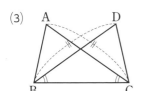

[△ABC≡△DCB]

(4)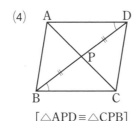

[△APD≡△CPB]

5 [三角形の合同条件] 右の図において，線分 AB 上に点 D，線分 AC 上に点 E があり，線分 CD と線分 BE の交点を F とする。AD=AE，∠ADC=∠AEB であるとき，次の問いに答えなさい。

(1) △ACD と合同な三角形はどれですか。

(2) (1)で使った三角形の合同条件を答えなさい。

1年の復習
第1章
第2章
第3章
第4章
第5章
第6章
総仕上げテスト

覚える 三角形の合同条件

① 3 組の辺がそれぞれ等しい。

② 2 組の辺とその間の角がそれぞれ等しい。

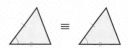

③ 1 組の辺とその両端の角がそれぞれ等しい。

くわしく 合同な三角形の組を見つけるコツ

▶三角形の合同条件には，どれにも辺の条件が必ずふくまれているので，
　①まず，等しい辺を見つける。
　②次に，等しい角を調べる。

▶三角形の合同条件は，
3 組の辺 → 2 組の辺とその間の角 → 1 組の辺とその両端の角
の順に調べていくとよい。

▶2 角がわかっている三角形は，残りの角も求めてみる。

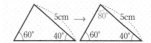

14 図形と証明

重要点をつかもう

1 証 明

①「 p ならば q 」の形で表された文で, p の部分を**仮定**, q の部分を**結論**という。

②すでに正しいと認められていることがらを根拠にして，仮定から結論を導くことを**証明**という。

Step 1 基本問題

解答▶別冊34ページ

重要 1 ［仮定と結論］次のことがらの仮定と結論をいいなさい。

(1) △ABC≡△DEF ならば, ∠B＝∠E

(2) x が4の倍数ならば, x は偶数である。

(3) a, b がともに3の倍数ならば, $a+b$ は3の倍数である。

(4) 正方形の4つの角は等しい。

重要 2 ［三角形の合同の証明］右の図で，AB＝CD，AB∥CD である。このとき，△AOB≡△DOC であることを次のように証明した。□にあてはまることばや記号を記入しなさい。

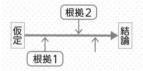

〔証明〕 △AOB と △DOC において，

　仮定より，AB＝DC ……①

　また，AB∥CD より，平行線の (1)□ は等しいから，

　∠OAB＝∠(2)□ ……②

　∠OBA＝∠(3)□ ……③

　①，②，③より，(4)□

　がそれぞれ等しいから，△AOB≡△DOC

Guide

確認 証明のしくみ

①仮定から出発し，

②すでに正しいと認められたことがらを根拠として用いながら，

③結論を導く。

確認 根拠となる主なことがら

㋐仮定

㋑対頂角の性質

㋒平行線の性質

㋓三角形の合同条件

㋔合同な図形の性質

　⋮

3 [三角形の内角] 右の図において，BC∥DE である。次の文は，右の図を用いて，三角形の内角の和が180°であることを証明したものである。□にあてはまる記号や数を記入しなさい。

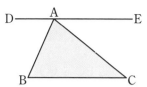

〔証明〕 BC∥DE より，平行線の錯角は等しいから，

∠ABC＝∠BAD ……①， ∠ACB＝∠⁽¹⁾□ ……②

一直線の角の大きさは ⁽²⁾□° だから，

∠BAD＋∠⁽³⁾□＋∠CAE＝⁽⁴⁾□° ……③

①，②，③より， ∠ABC＋∠BAC＋∠⁽⁵⁾□＝180°

よって，三角形の内角の和は180°である。

 図形の証明

図形の証明では，与えられた条件などを図にかき込む。結論を導くためには何を示せばよいかをつねに意識しよう。

注意 ⚠ 図から判断してはいけない

図で，辺や角が等しいように見えても，直線が平行であるように見えても，与えられていない条件は使ってはいけない。

4 [三角形の合同の証明] 右の図において，△ABC と △ADE は正三角形である。B と D，C と E を結ぶとき，△ADB≡△AEC となることを次のように証明した。□にあてはまることばや記号を記入しなさい。

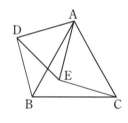

〔証明〕 △ADB と △AEC において，

△ABC，△ADE は正三角形だから，

AB＝⁽¹⁾□ ……①， AD＝⁽²⁾□ ……②

正三角形の1つの角は60°だから，

∠DAB＝60°－∠BAE ……③

∠EAC＝60°－∠⁽³⁾□ ……④

③，④より， ∠DAB＝∠⁽⁴⁾□ ……⑤

①，②，⑤より， ⁽⁵⁾□

がそれぞれ等しいから，△ADB≡△AEC

くわしく 🎓 合同な図形の性質の利用

線分の長さや角の大きさが等しいことを証明するとき，三角形の合同を根拠として使う場合がある。

解答▶別冊34ページ

1 右の図のように，△ABC の辺 BC を延長して CD とし，点 C から辺 BA と平行に CE をひく。この図を用いて，三角形の外角が，それととなり合わない 2 つの内角の和に等しいことを証明しなさい。(10点)

2 AD∥BC である台形 ABCD の ∠A と ∠B の二等分線の交点を P とする。このとき，∠APB＝90° であることを証明しなさい。(10点)

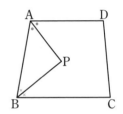

3 右の図は，線分 AB 上に点 C をとり，AC を 1 辺とする正方形 ACDE と，CB を 1 辺とする正方形 CBFG を，線分 AB について同じ側につくったものである。このとき，△ACG≡△DCB であることを証明しなさい。(10点)

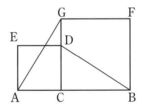

重要 4 右の図で，四角形 ABCD は正方形である。E は辺 BC 上にあって B，C と異なる点である。F は辺 CD 上にあって CF＝BE となる点である。A と E，B と F を結ぶ。G は，線分 AE と線分 BF との交点である。次の問いに答えなさい。(10点×2)　　　　　　　　　　　　　〔大阪一改〕

(1) △ABE≡△BCF であることを証明しなさい。

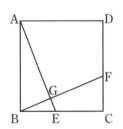

(2) AE⊥BF であることを証明しなさい。

5 右の図の正三角形 ABC で，辺 BC，AC 上にそれぞれ点 D，E をとり，AD と BE の交点を F とする。∠BFD＝60° のとき，△ABD と △BCE が合同になることを証明しなさい。(10点)　　　　　　　　〔青森−改〕

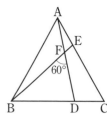

6 AD∥BC である台形 ABCD において，辺 CD の中点を M とし，AM の延長と BC の延長との交点を F とする。このとき，AM＝FM であることを証明しなさい。(10点)

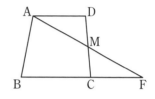

7 右の図のように，△ABC において，辺 AC 上に AD＝CE となるように2点 D，E をとる。BE の延長と，点 C を通り辺 AB に平行な直線との交点を F とする。また，点 D を通り BF に平行な直線と辺 AB との交点を G とする。このとき，△AGD≡△CFE であることを証明しなさい。(10点)　　　〔栃 木〕

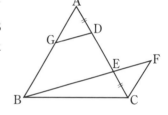

8 右の図は，∠XOY の二等分線を作図したものである。この作図が正しいことを，三角形の合同を使って証明したい。次の問いに答えなさい。(10点×2)

(1) 図中の記号を使って仮定と結論を書きなさい。

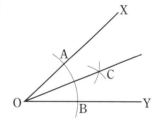

(2) この作図が正しいことを証明しなさい。

---

2 ∠BAP＝∠DAP＝$a°$，∠ABP＝∠CBP＝$b°$ として考える。
4 (2) △ABG において，∠BAE＋∠ABF＝90° であることを示す。
8 (2) 点 A と点 C，点 B と点 C をそれぞれ結ぶ。

重要 **1** 次の問いに答えなさい。(8点×2)

(1) 1つの頂点からひくことができる対角線の本数が12である正多角形の1つの内角の大きさを求めなさい。〔大　阪〕

(2) 正 n 角形において，1つの内角の大きさが1つの外角の大きさの3倍であるとき，n の値を求めなさい。

2 次の図で，$\ell /\!/ m$ のとき，∠x の大きさを求めなさい。(8点×2)

(1)〔鳥　取〕

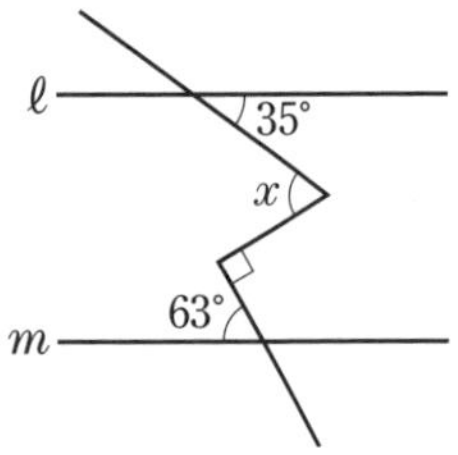

ℓ 35°
x
m 63°

(2)〔青　森〕

ℓ 75°
x 25°
m 40°

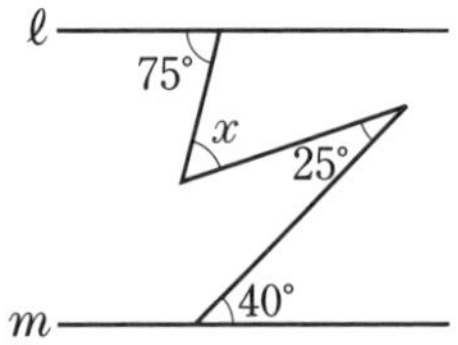

重要 **3** 右の図において，四角形 ABCD は長方形であり，△EBF は正三角形で，点 C は辺 EF 上にある。また，G は AD と EB の交点である。∠ECB＝71° のとき，∠AGB の大きさは何度か求めなさい。(9点)

〔愛　知〕

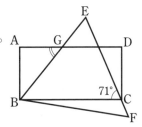

記述式 **4** 右の図において，∠ACE＝43°，∠CEB＝49°，∠EBD＝32° であるとき，∠AFD は何度ですか。求め方も書きなさい。(9点)

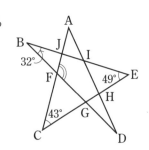

5 右の図で，△ABC は ∠ABC＝40°，∠ACB＝30° の三角形であり，△BDC は正三角形である。点 P を △ABC の内部にとり，点 Q を，△CPQ が正三角形となるように，△BDC の内部にとる。次の問いに答えなさい。(10点×2) 〔奈良－改〕

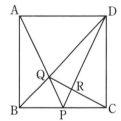

(1) △PBC≡△QDC となることを証明しなさい。

難問 (2) 点 P を ∠ABP＝∠PBC，∠ACP＝∠PCB となるようにとる。このとき，∠BPQ の大きさを求めなさい。

6 正方形 ABCD の辺 BC の中点を P とする。また，対角線 BD と AP との交点を Q，QC と DP の交点を R とする。次の問いに答えなさい。

(10点×3)

(1) ∠APB＝∠DPC であることを証明しなさい。

(2) ∠BAP＝∠BCQ であることを証明しなさい。

難問 (3) DP⊥QC であることを証明しなさい。

- -

 ヒント！

1 (1) n 角形では，1 つの頂点から (n−3) 本の対角線がひけるから，n−3＝12
4 △JCE において，∠EJC の外角＝∠BJF＝43°＋49°
6 (3) △PCR において，∠CRP の外角＝∠DRC＝∠RPC＋∠PCR＝90° を示す。

1年の復習
第1章
第2章
第3章
第4章
第5章
第6章
総仕上げテスト

Step 3 実力問題②

解答▶別冊36ページ

1 右の図は，△ABC を，頂点 A が辺 BC 上の点 F に重なるように，線分 DE を折り目として折ったものである。
DE∥BC，∠DFE＝72°，∠ECF＝67° であるとき，∠BDF の大きさを求めなさい。(10点) 〔熊　本〕

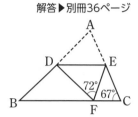

重要 2 右の図において，PQ，RQ は，それぞれ ∠BPR，∠CRP の二等分線である。∠A＝64° であるとき，∠PQR の大きさを求めなさい。(10点)

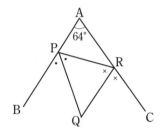

3 右の図のように，正五角形 ABCDE の頂点 A，C を通る直線をそれぞれ l，m とする。l∥m であるとき，∠x の大きさを求めなさい。
(10点) 〔青　森〕

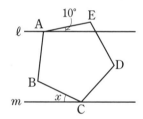

重要 4 右の図において，l∥m であるとき，∠a＋∠b＋∠c＋∠d の大きさを求めなさい。(10点)

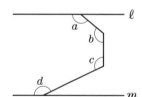

難問 5 右の図は，正三角形 ABC と正三角形 DEF を重ねてかいたものである。∠x の大きさを求めなさい。(12点)　　〔山　口〕

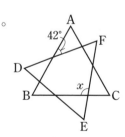

6 右の図のように，正五角形 ABCDE の頂点 A，B，D が，それぞれ，正三角形 PQR の辺 PQ，QR，RP 上にある。∠PDE＝40° のとき，∠CBR の大きさを求めなさい。(12点) 〔和歌山〕

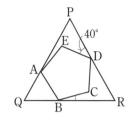

7 正方形 ABCD がある。辺 CD 上に，2 点 C，D と異なる点 E をとり，点 A と点 E を結ぶ。点 E から対角線 AC に垂線をひき，その交点を F とする。また，2 点 E，F を通る直線と辺 BC との交点を G とし，点 A と点 G を結ぶ。△AEF≡△AGF であることを証明しなさい。(12点) 〔香 川〕

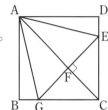

8 右の図のように，正三角形 ABC の辺 BC 上に点 D をとり，線分 AD を 1 辺とする正三角形 ADE を直線 AD について点 C と同じ側につくる。また，辺 AC と辺 DE の交点を F とする。このとき，∠ACE は何度かを答えなさい。また，それを証明しなさい。ただし，点 D は，点 B，点 C と一致しないものとする。(12点)

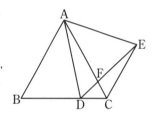

 9 直角三角形 ABC の直角の頂点 A から辺 BC に垂線 AH をひく。∠ABC の二等分線と AH，AC との交点を D，E とし，D から AC に平行な直線をひき，BC との交点を F とする。このとき，DA＝DF を証明しなさい。(12点)

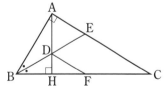

- -

① △ADE≡△FDE より，∠A＝∠DFE＝72° また，∠EDF＝∠EDA である。

③ 正五角形の 1 つの内角は，180°×(5−2)÷5＝108° である。

⑨ △ABD≡△FBD を示す。DF∥AC より同位角は等しいので，∠BDF＝∠BEC である。

15 いろいろな三角形

重要点をつかもう

1 二等辺三角形

①**二等辺三角形の定義**…2つの辺が等しい三角形。

②**二等辺三角形の性質**(定理)

・二等辺三角形の2つの底角は等しい。

・二等辺三角形の頂角の二等分線は，底辺を垂直に2等分する。

③**二等辺三角形になるための条件**(定理)

2つの角が等しい三角形は，二等辺三角形である。

頂角

底角 底角

底辺

2 正三角形

①**正三角形の定義**…3つの辺が等しい三角形。

②**正三角形の性質**(定理)…3つの角は等しい。

③**正三角形になるための条件**(定理)…3つの角が等しい三角形は，正三角形である。

3 直角三角形の合同条件

2つの直角三角形は，次の各場合に合同である。

①**斜辺と1つの鋭角がそれぞれ等しい。**

②**斜辺と他の1辺がそれぞれ等しい。**

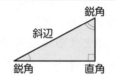

鋭角

斜辺

鋭角 直角

Step 1 基本問題

解答▶別冊38ページ

重要 **1** [二等辺三角形と角] 次の図で，同じ印のついている辺の長さが等しいとき，∠x の大きさを求めなさい。

(1)
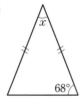

x

68°

(2)

48°

x

(3)
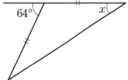

64° x

(4)

32°

x

Guide

 定義と定理

▶ことばの意味をはっきり述べたものを**定義**という。

▶証明されたことがらのうち，基本になるものを**定理**という。

 二等辺三角形の頂角の二等分線

A

B D C

図で，AD が頂角の二等分線であるとき，

AD⊥BC，BD＝CD

2 [二等辺三角形の性質] △ABC が AB＝AC の二等辺三角形ならば，∠B＝∠C であることを三角形の合同を利用して証明しなさい。

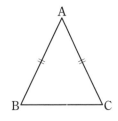

くわしく　直角二等辺三角形

図のように，頂角が直角である二等辺三角形を直角二等辺三角形という。

 3 [正三角形になるための条件] △ABC において，AB＝AC，∠A＝60° であれば，△ABC は正三角形であることを証明しなさい。

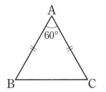

くわしく　特別な二等辺三角形

正三角形は二等辺三角形の特別な場合であり，二等辺三角形の性質をすべてもっている。

二等辺三角形

正三角形

4 [直角三角形の合同] AB＝AC である二等辺三角形において，B，C から対辺に，垂線 BD，CE をひくとき，△BDC≡△CEB であることを証明しなさい。

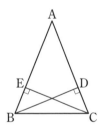

覚える　直角三角形の合同条件

① 斜辺と1つの鋭角がそれぞれ等しい。

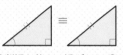

② 斜辺と他の1辺がそれぞれ等しい。

重要 **5** [角の二等分線] 右の図において，点 P は ∠XOY の二等分線上の点であり，PA⊥OX，PB⊥OY である。このとき，PA＝PB であることを証明しなさい。

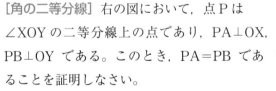

重要 **1** 次の問いに答えなさい。(10点×3)

(1) 右の図のような，∠C＝90° の直角三角形 ABC があり，点 D は辺 AB 上
の点で，AD＝AC である。∠ABC＝50° であるとき，∠ADC の大きさ
は何度ですか。　〔香川〕

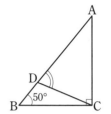

(2) 右の図の正五角形 ABCDE で，∠x の大きさを求めなさい。　〔山口〕

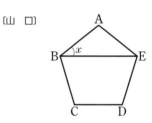

(3) 右の図で，四角形 ABCD は AD∥BC の台形で，AD＝DC
である。また，E は線分 AC と DB との交点である。
∠EBC＝34°，∠EDC＝102° のとき，∠AEB の大きさは
何度ですか。　〔愛知〕

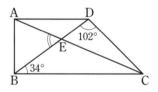

2 右の図の △ABC は，AB＝AC の二等辺三角形である。頂点 A から底辺
BC に垂線 AH をひくとき，BH＝CH となることを証明しなさい。

(10点)〔鳥取〕

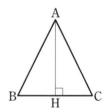

3 右の図の △ABC は，AB＝AC の二等辺三角形である。∠B，∠C の二等
分線が辺 AC，AB と交わる点をそれぞれ D，E とするとき，BD＝CE で
あることを証明しなさい。(10点)

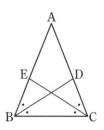

4 右の図のように，AB＝AC である二等辺三角形 ABC において，辺 AB，AC 上にそれぞれ点 D，E を，DB＝EC となるようにとる。BE と CD の交点を F とするとき，△FBC は二等辺三角形であることを証明しなさい。

(10点)

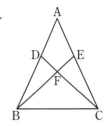

5 右の図のように，正方形 ABCD の点 B を通り，辺 AD と交わる直線 ℓ に頂点 A，C から垂線をひき，ℓ との交点をそれぞれ E，F とする。このとき，AE＝BF であることを証明しなさい。(10点)

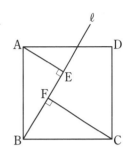

6 右の図のように，∠ABC＝45° である △ABC がある。頂点 A から辺 BC にひいた垂線と辺 BC との交点を D とし，頂点 B から辺 AC にひいた垂線と辺 AC との交点を E とする。また，線分 AD と線分 BE との交点を F とする。このとき，△ADC≡△BDF であることを証明しなさい。(10点)

〔新 潟〕

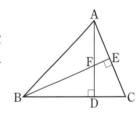

7 右の図のように，∠B＝90° である直角三角形 ABC の外側に，AC を1辺とする正方形 ACDE をつくり，D から BC の延長に垂線 DH をひく。このとき，次の問いに答えなさい。(10点×2)

(1) △ABC≡△CHD を証明しなさい。

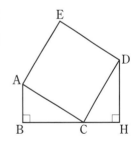

(2) BH＝AB＋DH を証明しなさい。

5 △AEB≡△BFC を直角三角形の合同条件を使って証明する。

6 ∠ABD＝45° より △ABD は直角二等辺三角形である。

7 (1) ∠ACD＝90°，3点 B，C，H は一直線上にあるから，∠ACB＋∠DCH＝90° である。

16 平行四辺形 ①

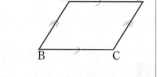

▶ 重要点をつかもう

1 平行四辺形の定義と性質

①**平行四辺形の定義**…2組の対辺がそれぞれ平行である四角形。

②平行四辺形 ABCD を **▱ABCD** と書くことがある。

③**平行四辺形の性質(定理)**

・2組の対辺はそれぞれ等しい。

・2組の対角はそれぞれ等しい。

・対角線はそれぞれの中点で交わる。

2 逆と反例

①あることがらの仮定と結論を入れかえたものを,そのことがらの**逆**という。

②あることがらが成り立たない例を**反例**という。

Step 1 基本問題

解答▶別冊39ページ

1 [平行四辺形の性質] 四角形 ABCD が平行四辺形ならば,AB＝DC,AD＝BC であることを,次のように証明した。

□ にあてはまる記号,または,ことばを記入しなさい。

〔証明〕 対角線 AC をひく。

△ABC と △⁽¹⁾□ において,

共通した辺だから,AC＝⁽²⁾□ ……①

AD∥BC,AB∥DC より,平行線の⁽³⁾□ は等しいから,∠ACB＝∠⁽⁴⁾□ ……②

∠BAC＝∠⁽⁵⁾□ ……③

①,②,③より,⁽⁶⁾□ がそれぞれ等しいから,△ABC≡△CDA

合同な図形の対応する辺の長さは等しいから,

AB＝CD,BC＝DA

すなわち,AB＝DC,AD＝BC

Guide

確認 対辺・対角

四角形の向かい合う辺を**対辺**,向かい合う角を**対角**という。

覚える 平行四辺形の性質

①対辺は等しい。

②対角は等しい。

③対角線はそれぞれの中点で交わる。

2 ［平行四辺形の辺と角］右の図の
□ABCD に，AB に平行な直線 EF と，
BC に平行な直線 GH をひいて，その
交点を I としたものである。次の問
いに答えなさい。

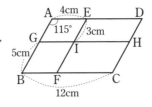

(1) 線分 CH，CF の長さを求めなさい。

(2) ∠BFI，∠EIH の大きさを求めなさい。

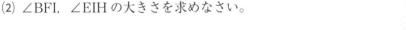 平行四辺形の角

平行四辺形の問題では，平行
線があるので，同位角・錯角
に注目しよう。特に錯角がよ
くでてくる。

重要 **3** ［平行四辺形と証明］右の図のように，
□ABCD の対角線 AC 上に，AE＝CF
となるように，点 E，F をとる。この
とき，△ADE≡△CBF であることを
証明しなさい。

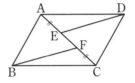

注意 平行四辺形の対角線
と角

平行四辺形の内角は対角線で
2 等分されない。

対角線

等しいとはかぎら
ない。

4 ［平行四辺形と証明］右の図のように，
□ABCD の対角線 BD に，頂点 A，C
からそれぞれ垂線をひき，BD との交点
をそれぞれ E，F とする。このとき，
AE＝CF であることを証明しなさい。

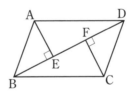

くわしく 平行四辺形の
となり合う角

平行四辺形のとなり合う角の
和は 180° である。

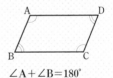

∠A＋∠B＝180°
∠B＋∠C＝180°
∠C＋∠D＝180°
∠D＋∠A＝180°

重要 **5** ［逆と反例］次のことがらの逆をいいなさい。また，それは正
しいですか。正しくないときは反例をあげなさい。

(1) $x>0$，$y>0$ ならば $x+y>0$ である。

(2) △ABC で，AB＝AC ならば，∠B＝∠C

確認 逆

仮定　　　　結論

p ならば q

　　　逆

q ならば p

Step 2 標準問題

1 次の問いに答えなさい。(10点×5)

(1) 右の図で，四角形 ABCD は，平行四辺形である。
AB＝AC，∠ABC＝54° のとき，∠ACD の大きさは何度ですか。
〔東　京〕

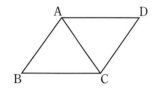

(2) 右の図のような，平行四辺形 ABCD があり，点 E は辺 AD 上の点で，EB＝EC である。
∠BAD＝105°，∠BEC＝80° であるとき，∠ECD の大きさは何度ですか。
〔香　川〕

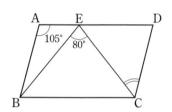

(3) 右の図のように，平行四辺形 ABCD において，∠ABC＝60°，∠BCE＝25°，∠CDE＝45° のとき，∠CED＝∠x として，∠x の大きさを求めなさい。
〔大　分〕

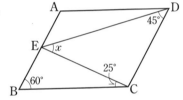

(4) 右の図において，四角形 ABCD は平行四辺形である。
線分 BA を延長した直線と ∠BCD の二等分線の交点を E とする。
∠BEC＝52° のとき，∠x の大きさを求めなさい。
〔秋　田〕

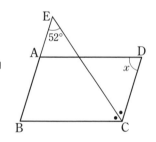

(5) 右の図で，四角形 ABCD は平行四辺形である。E は辺 AD 上の点であり，ED＝DC，EB＝EC である。
∠EAB＝98° のとき，∠ABE の大きさは何度ですか。
〔愛　知〕

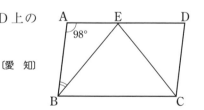

1年復習

第1章

第2章

第3章

第4章

第5章

第6章

総仕上げテスト

重要 2 右の図のように，平行四辺形 ABCD の対角線 AC 上に
∠ABE＝∠CDF となるように，点 E，F をとる。
このとき，△ABE≡△CDF を証明しなさい。ただし，証明
の中に根拠となることがらを必ず書くこと。(12点)　〔富 山〕

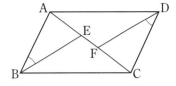

重要 3 右の図のように，平行四辺形 ABCD の辺 BC の延長上に，
AB＝AE となる点 E をとる。
このとき，△ABC≡△EAD であることを証明しなさい。(12点)
〔山 口〕

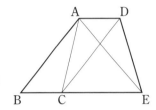

重要 4 右の図のように，AB＜AD である平行四辺形 ABCD を，対角線
BD を折り目として折り返す。折り返したあとの頂点 C の位置を
E とし，AD と BE の交点を F とする。
このとき，△ABF≡△EDF であることを証明しなさい。(12点)
〔岩 手〕

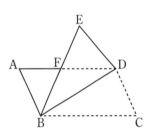

重要 5 次の**ア**～**エ**のことがらのうち，逆が正しいものを 1 つ選び，記号で答えなさい。また，正し
くないものについて，反例をあげなさい。(14点)　〔徳島－改〕

ア 2 つの整数 x，y で，$x=0$ ならば，$xy=0$ である。

イ 2 つの自然数 a，b で，a も b も偶数ならば，$a+b$ は偶数である。

ウ △ABC で，∠A＝120° ならば，∠B＋∠C＝60° である。

エ △ABC と△DEF で，△ABC≡△DEF ならば，△ABC＝△DEF である。

1 (2) 平行四辺形の対角は等しいから，∠BCD＝∠A＝105°　△EBC は二等辺三角形である。

2 平行四辺形の対辺は等しい。また，AB∥DC より錯角は等しい。

4 △BCD≡△BED であるから，DC＝DE，∠BCD＝∠BED である。

17 平行四辺形②

重要点をつかもう

1 平行四辺形になるための条件

四角形は，次の条件のうちどれかが成り立てば，平行四辺形である。

① 2組の対辺がそれぞれ平行である。（定義）

② 2組の対辺がそれぞれ等しい。

③ 2組の対角がそれぞれ等しい。

④ 対角線がそれぞれの中点で交わる。

⑤ 1組の対辺が平行でその長さが等しい。

2 特別な平行四辺形

①定義

長方形… 4つの角が等しい四角形。

ひし形… 4つの辺が等しい四角形。

正方形… 4つの角が等しく，4つの辺が
　　　　等しい四角形。

②対角線の性質

長方形…長さが等しい。

ひし形…垂直に交わる。

正方形…長さが等しく，垂直に交わる。

Step 1 基本問題

解答▶別冊41ページ

1 [平行四辺形になるための条件] 平行四辺形 ABCD の辺 AD，BC の中点をそれぞれ E，F とするとき，四角形 EBFD が平行四辺形になることを次のように証明した。□ にあてはまる記号やことばを記入しなさい。

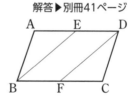

〔証明〕 四角形 EBFD において，

AD∥BC より，ED∥ $\boxed{^{(1)}}$ ……①

平行四辺形の対辺は等しいから，AD= $\boxed{^{(2)}}$ であり，

E，F はそれぞれ AD，BC の中点だから，

ED= $\boxed{^{(3)}}$ ……②

①，②より，

$\boxed{^{(4)}}$ から，

四角形 EBFD は平行四辺形である。

Guide

覚える 平行四辺形になるための条件

①対辺が平行。

（定義）

②対辺が等しい。

③対角が等しい。

④対角線がそれぞれの中点で交わる。

⑤1組の対辺が平行で等しい。

2 [平行四辺形になるための条件] 右の図のように，平行四辺形 ABCD の対角線の交点を O とし，対角線 BD 上に，OE＝OF となるように 2 点 E，F をとる。このとき，四角形 AECF は平行四辺形であることを証明しなさい。

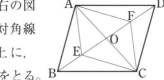

 特別な平行四辺形

長方形，ひし形，正方形は平行四辺形の特別な場合であり，平行四辺形の性質をすべてもっている。

3 [特別な平行四辺形] 平行四辺形 ABCD について，次の問いに答えなさい。

(1) 平行四辺形 ABCD に，どのような条件を加えるとひし形となるか。下の**ア～カ**の中から選びなさい。

(2) 平行四辺形 ABCD に，どのような条件を加えると長方形となるか。下の**ア～カ**の中から選びなさい。

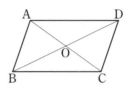

ア AB∥CD **イ** AB＝BC **ウ** ∠A＝90°

エ AO＝CO **オ** AC＝BD **カ** AC⊥BD

 特別な平行四辺形の性質

▶長方形の対角線の長さは等しい。

▶ひし形の対角線は垂直に交わる。

 平行四辺形がひし形になるための条件

①となり合う辺の長さが等しい。
②対角線が垂直に交わる。

4 [特別な平行四辺形] 平行四辺形 ABCD において，AC⊥BD ならば，四角形 ABCD はひし形であることを証明しなさい。

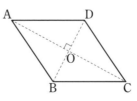

 平行四辺形が長方形になるための条件

①1つの角が直角である。
②対角線の長さが等しい。

解答▶別冊41ページ

1 四角形 ABCD で，AD∥BC，AD＝BC ならば，四角形 ABCD は平行四辺形であることを次のように証明したい。 ⑦ ， ⑦ をうめて証明を完成させなさい。(10点×2)　〔愛 知〕

〔証明〕　△ABC と △CDA で，
BC＝DA ……①　AC＝CA ……②
また，AD∥BC だから，∠ACB＝∠ ⑦ ……③
①，②，③から，2組の辺とその間の角が，それぞれ等しいので，△ABC≡△CDA
よって，∠BAC＝∠ ⑦ だから，AB∥DC
したがって，2組の向かいあう辺がそれぞれ平行であるので，四角形 ABCD は平行四辺形である。

2 右の図のように，平行四辺形 ABCD の対角線 BD に，A，C からそれぞれ垂線 AE，CF をひくとき，四角形 AECF は平行四辺形となることを証明しなさい。(10点)

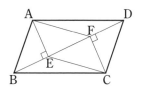

3 平行四辺形 ABCD の辺 AB，BC，CD，DA 上に，点 P，Q，R，S をとり，AP＝BQ＝CR＝DS とするとき，四角形 PQRS は平行四辺形となることを証明しなさい。(10点)

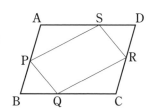

4 右の図で，四角形 ABCD は ∠A＝70° のひし形である。点 E は三角形 BCD の内部にあり，三角形 BED において ∠E＝130° である。∠CBE＝21° のとき，∠CDE の大きさは何度ですか。(10点)　〔高 知〕

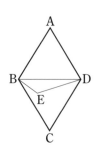

5 次の①〜③のそれぞれの四角形 ABCD について，いつでも平行四辺形になるものには○を，平行四辺形になるとはかぎらないものには×を記入しなさい。なお，四角形 ABCD では，4つの頂点 A，B，C，D は，周にそってこの順に並んでいる。また，①〜③のそれぞれの四角形 ABCD の4つの内角は，すべて 180° より小さい。(10点×3)　　　　〔熊　本〕

① AB＝DC，∠DAC＝∠BCA である四角形 ABCD

② 2つの対角線 AC，BD の交点を O とするとき，OA＝$\frac{1}{2}$AC，OD＝$\frac{1}{2}$BD である四角形 ABCD

③ 対角線 AC で2つの三角形に分けるとき，2つの三角形が合同である四角形 ABCD

6 右の図のように，長方形 ABCD の辺 AB，BC，CD，DA の中点を，それぞれ E，F，G，H とする。このとき，四角形 EFGH はひし形であることを証明しなさい。(10点)

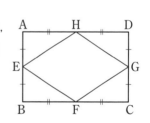

 7 右の図のように，平行四辺形 ABCD の ∠A，∠B，∠C，∠D の二等分線によってつくられる四角形 EFGH は，長方形であることを証明しなさい。(10点)

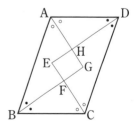

 ❸ △APS≡△CRQ，△BPQ≡△DRS を示し，平行四辺形になる条件を満たすことを示す。
❺ 平行四辺形になるための条件(5つある)を満たすかどうかを調べる。
❻ 三角形の合同を利用して，四角形の4つの辺が等しいことを証明する。

18 平行線と面積

重要点をつかもう

1 平行線と面積

右の図のように，△PAB と △QAB の頂点 P，Q が直線 AB について同じ側にあるとき，

① **AB∥PQ ならば，△PAB＝△QAB**（面積が等しい）

② **△PAB＝△QAB ならば，PQ∥AB** といえる。

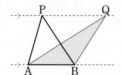

2 等積変形

①図形の面積を変えずに形を変えることを**等積変形**という。

②右の図で，直線 BC 上に AC∥DE となるような点 E をとれば，四角形 ABCD を △ABE に等積変形することができる。

四角形 ABCD＝△ABC＋△DAC

　　　　　　　＝△ABC＋△EAC＝△ABE

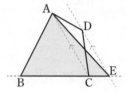

3 平行四辺形の面積の2等分

平行四辺形 ABCD の面積は対角線 AC と BD の交点 O を通る直線によって2等分される。

面積を2等分する直線

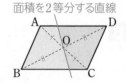

Step 1 基本問題

解答▶別冊42ページ

1 [面積が等しい三角形] 図の四角形 ABCD は平行四辺形で，BD∥EF である。図中にある三角形について答えなさい。

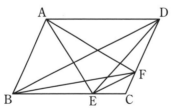

(1) △ABD と面積が等しい三角形をすべて答えなさい。

(2) △ABE と面積が等しい三角形をすべて答えなさい。

Guide

平行四辺形の $\frac{1}{2}$ にあたる部分

次のそれぞれの図で，色のついた部分の面積はいずれも平行四辺形の面積の $\frac{1}{2}$ にあたる。

2 [等積変形] 図のように，四角形 ABCD の面積が折れ線 PQR によって 2 等分されている。辺 BC 上に点 S をとって，線分 PS によって四角形 ABCD の面積を 2 等分するには，点 S をどのようにとればよいですか。

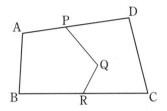

くわしく 台形内の三角形の面積

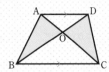

図のような AD∥BC の台形 ABCD で，
△AOB＝△ABC－△OBC
△DOC＝△DBC－△OBC
△ABC＝△DBC だから，
△AOB＝△DOC

3 [面積を 2 等分する直線] 右の図の四角形 OABC は平行四辺形で，A(7, 2)，C(1, 6)，D(0, 8) である。点 D を通り，平行四辺形 ABCD の面積を 2 等分する直線の式を求めなさい。

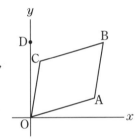

くわしく 直線のグラフと図形

等積変形によって三角形の面積を求めやすくする。

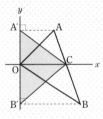

△OAB＝△A′B′C

4 [グラフと等積変形] 図のように，直線 $y=\dfrac{1}{2}x+8$ 上に 2 点 A，B があり，A，B の x 座標はそれぞれ 3，－5 である。このとき，△OAB の面積を，等積変形を利用して求めなさい。

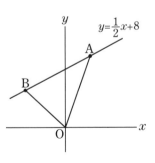

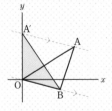

△OAB＝△OA′B

解答▶別冊43ページ

1 次の問いに答えなさい。(10点×2)

(1) 右の図で，△ABC と △DBE は，合同な三角形で，AB＝DB，
BC＝BE，∠ABC＝70° である。
DA∥BC のとき，∠EBC の大きさ x を求めなさい。　　〔埼　玉〕

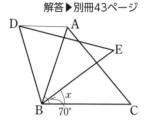

(2) 右の図の四角形 ABCD は，平行四辺形である。∠ADE＝50°，
∠BCD＝30°，∠EBC＝150° のとき，∠x，∠y の大きさをそ
れぞれ求めなさい。　　〔石　川〕

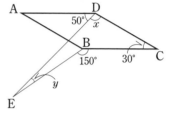

2 右の図のように，正三角形 ABC の辺 BC の延長上に点 D をとり，次
に頂点 C を通って AB に平行な線をひき，その線上に BD＝CE とな
るような点 E をとる。次の(1)，(2)を証明しなさい。(10点×2)　　〔山　形〕

(1) AD＝AE

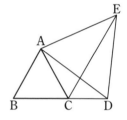

難問 (2) △ADE は正三角形である。

3 ∠A＝90° である直角二等辺三角形 ABC で，斜辺 BC 上に点 D
を BD＝BA となるようにとり，D を通る BC の垂線と AC との
交点を E とする。このとき AE＝ED＝DC であることを証明し
なさい。(12点)

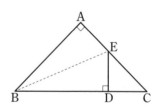

4 右の図の五角形 ABCDE は，AB∥EC，AD∥BC，AE∥BD の関係がある。5 点 A，B，C，D，E のうちの 3 点を頂点とする三角形の中で，三角形 ABE と面積の等しい三角形は，他に 3 つある。それらをすべて書きなさい。(12点) 〔群馬〕

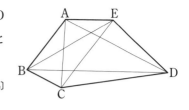

5 右の図において，A(4, 0)，B(1, 3)，C(1, 0) である。次の問いに答えなさい。(12点×2)

(1) 点 B を通り，△OAB の面積を 2 等分する直線の式を求めなさい。

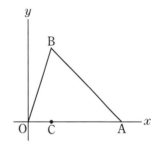

^{難問} (2) 点 C を通り，△OAB の面積を 2 等分する直線の式を求めなさい。

6 右の図のように，4 点 O(0, 0)，A(6, 0)，B(4, 6)，C(0, 4) を頂点とする四角形 OABC がある。また，点 D は x 座標が 6 より大きい x 軸上の点である。

四角形 OABC の面積と三角形 COD の面積が等しいとき，点 D の座標を求めなさい。(12点) 〔神奈川〕

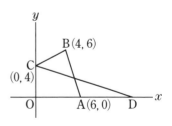

- -

ヒント

5 (2) 辺 OA の中点を通り BC に平行な直線が辺 AB と交わる点を D とすると，直線 CD が求める直線である。

6 四角形 OABC と△COD の面積が等しいとき，△ABC＝△ADC となる。

Step ③ 実 力 問 題 ②

解答▶別冊44ページ

1 右の図のような △ABC において，∠BAC＝15° で，AD＝DE＝EF ＝FC＝CB＝4 cm とする。このとき，次の問いに答えなさい。(10点×2)

〔沖縄－改〕

(1) ∠EDF の大きさを求めなさい。

(2) 線分 BF の長さを求めなさい。

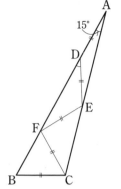

2 右の図で，四角形 ABCD はひし形，△EBC は正三角形である。F は，直線 AE と辺 CD との交点である。

∠EFD＝83° のとき，∠ADF の大きさは何度ですか。

(10点) 〔愛　知〕

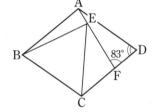

3 右の図において，△ABC は AB＝AC の二等辺三角形である。また，点 D は，DC＝BC となる辺 AB 上の点であり，点 E は，ED＝AB，EC＝AC となる点である。

このとき，△CEA≡△ABC となることを証明しなさい。(10点) 〔福　島〕

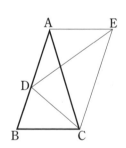

4 右のような平行四辺形 ABCD の辺 AD 上に，∠DCE＝∠ABC となるように点 E をとる。

AE＋EC＝BC となることを証明しなさい。(10点)　〔栃　木〕

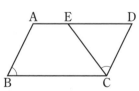

5 平行四辺形 ABCD の対角線 AC 上に，対角線の交点以外の点 E をとる。このとき，BE＝DE ならば，四角形 ABCD はひし形であることを証明しなさい。(10点)

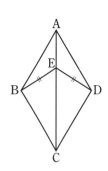

6 右の図のように，3つの直線が，原点 O，点 A(2, 4)，点 B(5, −2) で交わっている。このとき，次の問いに答えなさい。(10点×2)

〔京 都〕

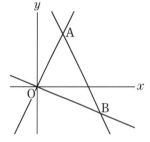

(1) 2 点 A，B を通る直線の式を求め，$y=mx+n$ の形で表しなさい。

(2) x 軸上に点 P をとって，△AOB と面積が等しくなるように，△AOP をつくる。このとき，点 P の x 座標を求めなさい。ただし，点 P の x 座標は正とする。

7 右の図において，A(6, 0)，B(5, 5)，C(2, 4) である。(10点×2)

(1) 点 C を通り直線 OB に平行な直線 ℓ が，直線 AB と交わる点の座標を求めなさい。

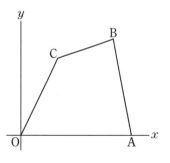

(2) 原点 O を通る直線 $y=mx$ が四角形 OABC の面積を2等分するとき，m の値を求めなさい。

---

3 AB∥EC を証明してから，△CEA≡△ABC を証明する。

5 B と D を結んで，三角形の合同を証明する。

6 (2) x 軸上に，OA∥BP となるような点 P をとる。

19 四分位範囲と箱ひげ図

━ 重要点をつかもう ━

1 四分位数と四分位範囲

①データを小さい順にならべたとき，データの数で4等分したときの区切りの値を**四分位数**といい，小さい順に**第1四分位数**，**第2四分位数**，**第3四分位数**という。

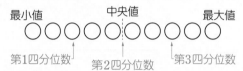

②第3四分位数から第1四分位数をひいた値を**四分位範囲**という。

四分位範囲＝第3四分位数－第1四分位数

2 箱ひげ図

次のような図を**箱ひげ図**という。

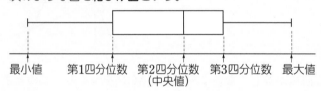

Step 1 基本問題

解答▶別冊45ページ

1 [四分位数] 次のデータは，12人の生徒の10点満点の計算テストの結果を値の小さい順にならべたものである。

4, 5, 5, 6, 7, 7, 7, 8, 8, 9, 10, 10 （点）

(1) 中央値を求めなさい。

(2) 第1四分位数を求めなさい。

(3) 第3四分位数を求めなさい。

(4) 四分位範囲を求めなさい。

Guide

 四分位数

►第1四分位数
　→ 前半部分の中央値
►第2四分位数
　→ データ全体の中央値
►第3四分位数
　→ 後半部分の中央値

 四分位範囲

►データの約50％は，四分位範囲の中にある。
►データの中に極端に離れた値があるとき，範囲は影響を受けるが，四分位範囲はその影響をほとんど受けない。

2 [箱ひげ図] 次のデータは，11人の生徒の垂直とびの結果である。

> 46, 49, 54, 57, 44, 41, 47, 37, 47, 62, 43 (cm)

(1) 中央値，第1四分位数，第3四分位数をそれぞれ求めなさい。

(2) このデータを箱ひげ図に表しなさい。

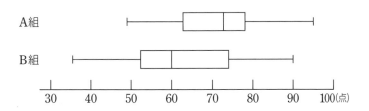 **3** [箱ひげ図] 次の図は，A組30人とB組20人の生徒が受けた数学のテストの結果を箱ひげ図にしたものである。

この結果について正しく述べているものには○，まちがっているものには×を書きなさい。

(1) 得点の範囲はA組のほうが大きい。

(2) 四分位範囲に入っている人数はB組のほうが多い。

(3) 70点以上の生徒はA組のほうが多い。

(4) 50点以下の生徒はB組のほうが多い。

確認　箱ひげ図と範囲・四分位範囲

くわしく　いろいろな箱ひげ図

▶箱ひげ図では，平均値の位置を＋で表すこともある。

平均値

▶箱ひげ図は縦にかかれる場合もある。

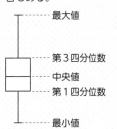
----- 最大値
----- 第3四分位数
----- 中央値
----- 第1四分位数
----- 最小値

くわしく　箱ひげ図のよさ

▶中央値のまわりにある約50％のデータがどのあたりに分布しているかがわかりやすい。

▶**3**のように複数のデータの傾向を視覚的にとらえやすい。

20 確　率

🎯 重要点をつかもう

1 確率の求め方

①正しくつくられたさいころをふる実験では，目の出方は1から6までの全部で6通りであり，そのどの目が出ることも同じ程度に期待できる。このようなとき，1から6までのどの目が出ることも**同様に確からしい**という。

②起こりうる場合が全部で n 通りあり，そのどれが起こることも同様に確からしいとする。そのうち，ことがら A の起こる場合が a 通りであるとき，

　ことがら A の起こる確率 p は，$p=\dfrac{a}{n}$

③あることがら A の起こる確率を p とするとき，ことがら A の起こらない確率は，

　$1-p$

Step 1 基本問題

解答▶別冊46ページ

1 ［コインの表裏］2枚のコイン A，B を同時に投げるとき，次の確率を求めなさい。

(1) 2枚とも表である確率

(2) 1枚が表で1枚が裏である確率

2 ［さいころの目］大，小2つのさいころを同時に投げるとき，次の確率を求めなさい。

(1) 同じ目が出る確率

(2) 出る目の和が8になる確率

(3) 違った目が出る確率

Guide

 場合の数

あることがらの起こり方が全部で n 通りあるとき，n をそのことがらの起こる**場合の数**という。

 樹形図

起こりうるすべての場合の数を整理して数えるのに，次のような**樹形図**がよく使われる。

例 2枚の硬貨 A，B を同時に投げるとき，表と裏の出方は4通り。

```
A     B
表 < 表
     裏
裏 < 表
     裏
```

重要 ③ [カードをひく] 1から5までの数字が1つずつ書かれている5枚のカードが袋の中に入っている。この袋の中から1枚のカードを取り出して，数字を確認してから袋の中へもどす。そして，よくかきまぜてから，もう一度カードを1枚ひく。このとき，次の確率を求めなさい。

(1) 2回ともカードの数字が同じである確率

(2) 2つの数の和が8以上である確率

(3) 2つの数の積が偶数である確率

④ [くじをひく] あたりが2本，はずれが3本でできている5本のくじがある。A，Bの2人がこの順番で1本ずつ続けてくじをひくとき，次の確率を求めなさい。

(1) Aがあたる確率

(2) 2人ともあたる確率

(3) Bがあたる確率

重要 ⑤ [赤球と白球] 袋の中に2個の白球と3個の赤球が入っている。この袋から同時に2個の球を取り出すとき，次の確率を求めなさい。

(1) どちらも赤球である確率

(2) 2個の球の色が同じである確率

(3) 2個の球の色が異なる確率

1年の復習
第1章
第2章
第3章
第4章
第5章
第6章
総仕上げテスト

確認 確率の性質

Aの起こる確率を p とすると，
► p の範囲
 $0 \leqq p \leqq 1$
► $p=0$ のとき，
 決して起こらない。
► $p=1$ のとき，
 必ず起こる。

くわしく 計算で求める場合の数

2つのことがら A，B があって，A の起こる場合が m 通りあり，そのおのおのに対して，B の起こる場合が n 通りずつあるとき，A と B が共に起こる場合の数は，
$(m \times n)$ 通り

例 おにぎりが3種類，飲み物が2種類あり，それぞれから1種類ずつ選ぶとき，選び方は全部で，
$3 \times 2 = 6$ (通り)

【　月　日】

Step 2 標準問題

時間 35分　合格点 80点　得点　　点

解答▶別冊47ページ

1 次の問いに答えなさい。(8点×2)

(1) 3枚の硬貨A, B, Cを同時に投げるとき，少なくとも1枚は裏の出る確率を求めなさい。

〔北海道〕

(2) A, B, C, D, Eの5人の中から，抽選で3人の当番を選ぶとき，BとCが，2人とも選ばれる確率を求めなさい。

〔佐　賀〕

2 次の問いに答えなさい。(8点×2)

(1) 大小2つのさいころを同時に投げるとき，出る目の数の積が8の倍数である確率を求めなさい。

〔大　阪〕

(2) 大小2つのさいころを同時に投げるとき，出る目の数の和が12の約数になる確率を求めなさい。

〔鹿児島〕

重要 **3** あたりくじ3本，はずれくじ5本でできているくじがある。このくじをA, Bの2人が1本ずつひくこととする。Aが先にひき，ひいたくじをもとにもどさないで次にBがひくとき，Bがあたりくじをひく確率を求めなさい。ただし，このくじをひくとき，どのくじの出かたも同様に確からしいものとする。(10点)

〔千　葉〕

重要 **4** 右の図のような，1, 2, 3, 4の数字を1つずつ記入した同じ大きさの4枚のカードがある。これらのカードをよくきってから2回続けてひき，1回目にひいたカードに書いてある数を十の位とし，2回目にひいたカードに書いてある数を一の位として，2けたの整数をつくる。ただし，ひいたカードはもとにもどさない。このとき，この2けたの整数が4の倍数となる確率を求めなさい。(10点)

1	2	3	4

〔岡　山〕

5 どの玉を取り出すことも同様に確からしいものとして，次の確率を求めなさい。(10点×2)

(1) 袋の中に，赤玉 3 個と白玉 3 個が入っている。この袋の中から，同時に 2 個の玉を取り出すとき，1 個が赤玉，1 個が白玉である確率 〔福　岡〕

(2) 袋の中に，赤玉が 1 個，白玉が 2 個，青玉が 3 個，合わせて 6 個の玉が入っている。この袋の中から同時に 2 個の玉を取り出すとき，2 個とも青玉である確率 〔東　京〕

重要 6 右の図のような 5 枚のトランプのカードがある。この 5 枚のカードをよくきって，同時に 2 枚のカードを取り出すとき，1 枚は◆(ダイヤ)のカードで 1 枚は♠(スペード)のカードとなる確率を求めなさい。(8点)

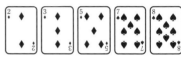

〔宮崎－改〕

7 1，2，3 の数字が書いてあるカードが 1 枚ずつある。これらのカードを裏返してよくきり，1，2，3 の番号をつけたそれぞれの箱に 1 枚ずつ入れる。このとき，箱の番号と入れたカードの数字がどれも一致(いっち)しない確率を求めなさい。(10点)

重要 8 右の図において，2 点 P，Q は，それぞれ正五角形 ABCDE の頂点を，さいころの出た目の数だけ左回りに 1 つずつ順に動く点である。いま，大小 2 つのさいころを同時に 1 回だけ投げて，大きいさいころの出た目の数だけ点 P は頂点 A から動き，小さいさいころの出た目の数だけ点 Q は頂点 B から動くものとする。このとき，2 点 P，Q がともに正五角形の同じ頂点で止まる確率を求めなさい。ただし，さいころはどの目が出ることも同様に確からしいものとする。(10点)

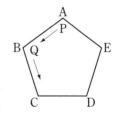

〔高　知〕

ヒント

1 (1) 3 枚とも表が出る確率 *p* を求めて，1−*p* を計算する。

8 点 Q が正五角形を 1 周して点 P と重なる場合に注意する。

Step 3 実力問題

1 大，小2つのさいころを同時に1回投げ，出た目の数によって，次の①～③の手順で整数をつくることにする。

① 小さいさいころの出た目の数を一の位の数字とする。

② 大きいさいころの出た目の数を十の位の数字とする。

③ 大きいさいころと小さいさいころの出た目の数の和を求め，和が9以下のときは，その数を百の位の数字とする。また，和が10以上のときは，和の十の位の数を千の位の数字に，一の位の数を百の位の数字とする。

> 〈例〉 小さいさいころの出た目の数が4，大きいさいころの出た目の数が6のとき一の位の数字は4，十の位の数字は6となる。さらに2つのさいころの出た目の数の和が10なので，千の位の数字は1，百の位の数字は0となる。この結果，4けたの整数1064がつくられる。

いま，大，小2つのさいころを同時に1回投げ，整数をつくるとき，次の問いに答えなさい。

(10点×2)〔神奈川〕

(1) つくられる整数が，4けたの整数となる確率を求めなさい。

(2) つくられる整数が，600以上の偶数となる確率を求めなさい。

2 右の図のように，正六角形 ABCDEF がある。また，袋にはこの正六角形の頂点を示す記号 A，B，C，D，E，F をそれぞれ書いた6個の玉が入っている。次の問いに答えなさい。(10点×2)　〔大 分〕

(1) 袋から同時に2個の玉を取り出し，その玉に書いてある記号が示す頂点を結ぶ線分をひくとき，その線分が正六角形 ABCDEF の面積を2等分する確率を求めなさい。ただし，どの玉の取り出し方も同様に確からしいものとする。

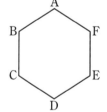

難問 (2) 最初に，記号 A が書かれた玉だけを袋から出しておく。その後，袋に残った5個の玉から同時に2個の玉を取り出す。取り出した2個の玉に書いてある記号が示す2つの頂点と頂点 A を，それぞれ結んで三角形を作るとき，その三角形が二等辺三角形である確率を求めなさい。

3 右の図のように数直線上を動く点Pがある。点Pは原点(0が対応する点)にあり, 1枚の硬貨(こうか)を1回投げるごとに, 表が出れば正の方向(右の方向)に1だけ進み, 裏が出れば原点にもどる。ただし, 点Pが原点にあるときに裏が出た場合は, そのまま動かないものとする。また, 硬貨の表と裏のどちらが出ることも同様に確からしいものとする。このとき, 次の問いに答えなさい。(10点×2)　〔長崎〕

P
0 1 2 3 4 5 6

(1) 1枚の硬貨を2回投げるとき, 点Pの最後の位置が原点である確率を求めなさい。

(2) 1枚の硬貨を3回投げるとき, 点Pの最後の位置が1に対応する点である確率を求めなさい。

4 右の図の正五角形ABCDE上の頂点AにPさんがいる。Pさんがふって出たさいころの目の数の和だけ, Pさんは時計と反対方向にとなりの頂点に移動する。例えばさいころを2回ふってさいころの目が1回目3, 2回目4のとき, 目の数の和は7になるので, Pさんは A→B→C→D→E→A→B→C と移動し, 移動後の頂点はCになる。次の問いに答えなさい。(10点×4)

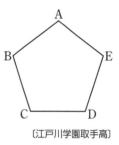
〔江戸川学園取手高〕

(1) Pさんがさいころを1回ふったとき, Pさんが頂点Bにいる確率を求めなさい。

(2) Pさんがさいころを2回ふったとき, 次の確率を求めなさい。
　① Pさんが頂点Bにいる確率

　② Pさんが頂点Eにいる確率

難問 (3) Pさんがさいころを3回ふったとき, Pさんが頂点Aにいる確率を求めなさい。

ヒント

3 (2) 小さいさいころの出た目の数が偶数で, 2つのさいころの出た目の数の和が6以上の場合を考える。
3 (1)(2)とも樹形図をかいて, 点Pの最後の位置を求める。
4 (3) さいころを3回ふったときの目の出方は 6×6×6＝216 (通り) ある。

❶ 次の問いに答えなさい。(5点×4)

(1) $(-3a)^2 \div 6ab \times (-16ab^2)$ を計算しなさい。　〔山形〕

(2) $\dfrac{1}{2}(3x-y) - \dfrac{4x-y}{3}$ を計算しなさい。　〔群馬〕

(3) 連立方程式 $\begin{cases} y = 4(x+2) \\ 6x - y = -10 \end{cases}$ を解きなさい。　〔青森〕

(4) 等式 $2a + 3b = 1$ を，a について解きなさい。　〔福岡〕

❷ 次の問いに答えなさい。(5点×4)

(1) 2直線 $y = ax - 6$ と $y = -\dfrac{3}{2}x + 5$ のグラフが x 軸上の同じ点で交わるとき，a の値を求めなさい。　〔國學院大久我山高〕

(2) 大小のさいころを同時に投げて，出る目をそれぞれ a, b とする。このとき，$a+b$ の値が3の倍数になる確率を求めなさい。　〔青雲高〕

(3) 連立方程式 $\begin{cases} 5ax + by = 3a \\ bx + 2y = a+1 \end{cases}$ の解が $x = 1$, $y = 3$ のとき，a, b の値を求めなさい。　〔和洋国府台女子高〕

(4) 2つの関数 $y = \dfrac{a}{x}$ と $y = 3x + b$ は，x の変域が $1 \leq x \leq 4$ のとき，y の変域が一致する。このとき，定数 a, b の値を求めなさい。ただし，$a > 0$ とする。　〔近畿大附高〕

❸ 次の問いに答えなさい。(5点×2)

(1) 右の図のように，AB＝AC である二等辺三角形 ABC と頂点 A，C をそれぞれ通る2本の平行な直線 ℓ，m がある。このとき，$\angle x$ の大きさを求めなさい。　　〔鹿児島〕

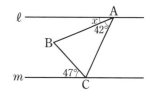

(2) 右の図のように，長方形 ABCD を対角線 AC を折り目として折り返し，頂点 B が移った点を E とする。$\angle ACE＝20°$ のとき，$\angle x$ の大きさを求めなさい。　〔和歌山〕

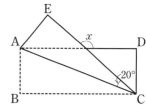

❹ 右の図のような AB＜AD の平行四辺形 ABCD があり，辺 BC 上に AB＝CE となるように点 E をとり，辺 BA の延長に BC＝BF となる点 F をとる。ただし，AF＜BF とする。
このとき，△ADF≡△BFE であることを証明しなさい。(10点)

〔栃　木〕

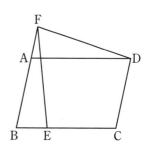

❺ 右の図のように，2直線 $y＝ax＋1$ ……①，$y＝\dfrac{1}{2}x＋1$ ……② がある。四角形 ABCD は正方形であり，頂点 A は①上に，頂点 D は②上にある。また，E は辺 AB と②の交点である。点 B の座標が $(2,\ 0)$ であるとき，次の問いに答えなさい。(5点×2)

(1) 点 E の座標を求めなさい。

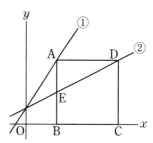

難問
(2) a の値を求めなさい。

6 ある博物館の入館料は，小学生 260 円，中学生と高校生はともに 410 円，大人 760 円である。ある日の入館者数を調べると，中学生と高校生の合計入館者数は小学生の入館者数の 2 倍であり，大人の入館者数は小学生，中学生，高校生の合計入館者数よりも 100 人少なかった。この日の小学生の入館者数を x 人，大人の入館者数を y 人とするとき，次の問いに答えなさい。

(5点×3)〔福 井〕

(1) この日の総入館者数を x と y の両方を用いて表しなさい。

(2) さらにこの博物館では 1 個 550 円のおみやげを売っており，総入館者数の 8 割の人が購入した。この日の総入館者の入館料の合計とおみやげの売り上げをあわせた金額は 150000 円で，おみやげを 2 個以上買った人はいなかった。

   ① x，y についての連立方程式をつくりなさい。

   ② ①の連立方程式を解いて，x と y の値を求めなさい。

7 ある中学校でアルバムを作成するため印刷会社に問い合わせたところ作成冊数が 30 冊までのときは，20 万円の費用がかかる。また作成冊数が 30 冊を超え 60 冊までのときは，20 万円に加えて 31 冊目から 1 冊あたり 5000 円の費用がかかる。さらに作成冊数が 60 冊を超えるときは，60 冊を作成する費用に加えて 61 冊目から 1 冊あたり 2500 円の費用がかかる。アルバムを x 冊作成したときの費用を y 万円とするとき，次の問いに答えなさい。　〔愛 知〕

(1) 右の図は，$0 \leqq x \leqq 30$ のときの x と y の関係をグラフで表したものである。$30 \leqq x \leqq 100$ のときの x と y の関係を表すグラフを図にかき入れなさい。(10点)

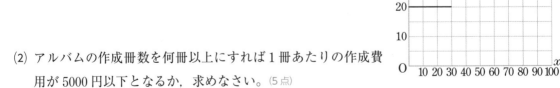

(2) アルバムの作成冊数を何冊以上にすれば 1 冊あたりの作成費用が 5000 円以下となるか，求めなさい。(5点)

解 答 編

1年の復習

1 正負の数

解答	p.2 〜 p.3

1 (1) -3　(2) -10　(3) -4　(4) 36　(5) -3

　(6) 9　(7) $-\dfrac{1}{3}$　(8) -11　(9) -3

2 (1) 2　(2) -7　(3) -2　(4) -4　(5) -12

　(6) -12　(7) -9　(8) 2　(9) $-\dfrac{1}{4}$

　(10) -1

3 (1) -22　(2) -2　(3) 10

4 (1) $12=2^2\times3$　(2) $84=2^2\times3\times7$　(3) $200=2^3\times5^2$

5 (1) $18.5\,℃$　(2) **ア，ウ**　(3) **イ**　(4) **イ，エ**

　(5) **イ**

解き方

1 (1) $(+2)+(-5)=-(5-2)=-3$

　(2) $(-7)-(+3)=-(7+3)=-10$

　(3) $(-6)-(-2)=-(6-2)=-4$

　(4) $(-4)\times(-9)=+(4\times9)=36$

　(5) $(-12)\div(+4)=-(12\div4)=-3$

　(6) $(-3)^2=(-3)\times(-3)=+(3\times3)=9$

　(7) $\dfrac{1}{2}-\dfrac{5}{6}=\dfrac{3}{6}-\dfrac{5}{6}=-\dfrac{2}{6}=-\dfrac{1}{3}$

　(8) $4-5\times3=4-15=-11$

　(9) $(4-5)\times3=(-1)\times3=-3$

2 (1) $7+(-5)=7-5=2$

　(2) $-2-5=-7$

　(3) $-7+5=-2$

　(4) $(-24)\div6=-(24\div6)=-4$

　(5) $(-2)\times6=-(2\times6)=-12$

　(6) $-9\times\dfrac{4}{3}=-12$

　(7) $12-7\times3=12-21=-9$

　(8) $(-2)^2+6\div(-3)=4+6\div(-3)=4+(-2)=2$

　(9) $\left(\dfrac{2}{3}-\dfrac{3}{4}\right)\div\dfrac{1}{3}=\left(\dfrac{8}{12}-\dfrac{9}{12}\right)\times3=-\dfrac{1}{12}\times3$

　　$=-\dfrac{1}{4}$

　(10) $-3^2-(-2)^3=-9-(-8)=-9+8=-1$

3 -14 と 6 の間が 10 目盛りあるので，この数直線の 1 目盛りは，$\{6-(-14)\}\div10=2$

4 (1) $2\,\underline{)\,12\,}$　(2) $2\,\underline{)\,84\,}$　(3) $2\,\underline{)\,200\,}$
　　　$2\,\underline{)\,6\,}$　　　$2\,\underline{)\,42\,}$　　　$2\,\underline{)\,100\,}$
　　　　　3　　　　$3\,\underline{)\,21\,}$　　　$2\,\underline{)\,50\,}$
　　　　　　　　　　　　7　　　　$5\,\underline{)\,25\,}$
　　　　　　　　　　　　　　　　　　5

5 (1) $(+15.0)-(-3.5)=15.0+3.5=18.5\,(℃)$

　(2) 自然数どうしの四則計算では，和と積は必ず自然数になるが，差と商は自然数になるとは限らない。$\left(\text{例えば，}2-3=-1,\ 2\div3=\dfrac{2}{3}\text{ など}\right)$

　(3) 負の数で，絶対値が大きいものを選ぶ。

　(4) 「2 より大きい」には 2 はふくまれないことに注意する。

　(5) 負の数どうしの和は，必ず負の数になる。

2 文字と式

解答	p.4 〜 p.5

1 (1) $(3a+b)$ 円　(2) $4a$ cm　(3) $\dfrac{a+b+c}{3}$

　(4) $10a+b$　(5) $\dfrac{x}{60}$ 分

2 (1) $4x$　(2) $-12a+5$　(3) $-4x$　(4) $6a-4$

　(5) $6x-15$　(6) $-2x+3$　(7) $-5x+5$　(8) $x-4$

3 (1) $\dfrac{1}{6}x$　(2) $6a+8$　(3) $2x-3$

　(4) $a+16$　(5) $\dfrac{10x-7}{3}$　(6) $\dfrac{x-8}{15}$

4 (1) 10　(2) -14　(3) 40

5 (1) $a=5b+3$　(2) $4a+3b>100$

　(3) $\dfrac{x+1200}{120}$ 分

解き方

1 (1) 1個 a 円のケーキ 3 個の代金が $a\times3=3a$(円)，1個 b 円のケーキ 1 個の代金が $b\times1=b$(円) だから，代金の合計は，$3a+b$(円)

　(2) 正方形の周の長さは 1 辺の長さの 4 倍だから，$a\times4=4a$ (cm)

(3) $(a+b+c)\div 3=\dfrac{a+b+c}{3}$

(4) 例えば，$\underline{24}=10\times\underline{2}+1\times\underline{4}$ だから，この 2 けたの自然数は，$10\times a+1\times b=10a+b$

(5) 時間＝道のり÷速さ より，$x\div 60=\dfrac{x}{60}$（分）

2 (1) $5x-x=5x-1x=(5-1)x=4x$

(2) $-8a+5-4a=-(8+4)a+5=-12a+5$

(3) $(-12x)\div 3=-4x$

(4) $7a-3-a-1=(7-1)a-(3+1)=6a-4$

(5) $3(2x-5)=3\times 2x+3\times(-5)=6x-15$

(6) $(14x-21)\div(-7)=14x\div(-7)+(-21)\div(-7)$
$\qquad =-2x+3$

(7) $(3x+4)-(8x-1)=3x+4-8x+1=-5x+5$

(8) $3(7x-3)-5(4x-1)=21x-9-20x+5$
$\qquad =x-4$

3 (1) $\dfrac{x}{2}-\dfrac{x}{3}=\left(\dfrac{1}{2}-\dfrac{1}{3}\right)x=\dfrac{1}{6}x$

(2) $8\left(\dfrac{3}{4}a+1\right)=8\times\dfrac{3}{4}a+8\times 1=6a+8$

(3) $-4(3-2x)+(-6x+9)=-12+8x-6x+9$
$\qquad =2x-3$

(4) $7(a+2)-2(3a-1)=7a+14-6a+2=a+16$

(5) $\dfrac{7x+2}{3}+x-3=\dfrac{7x+2+3(x-3)}{3}$
$\qquad \dfrac{7x+2+3x-9}{3}=\dfrac{10x-7}{3}$

(6) $\dfrac{2x-1}{3}-\dfrac{3x+1}{5}=\dfrac{5(2x-1)-3(3x+1)}{15}$
$\qquad =\dfrac{10x-5-9x-3}{15}=\dfrac{x-8}{15}$

4 (1) $a-2b=2-2\times(-4)=2+8=10$

(2) $a(b+c)=2\times\{(-4)+(-3)\}=2\times(-7)=-14$

(3) $b^2-4ac=(-4)^2-4\times 2\times(-3)=16+24=40$

5 (1) 配った鉛筆の本数は $5\times b=5b$（本）で，3 本余ったので，配る前の鉛筆の本数は，$5b+3$（本）
よって，$a=5b+3$

(2) 配ろうとした折り紙の枚数は，
$4\times a+3\times b=4a+3b$（枚）
これが 100 枚より多かったので，$4a+3b>100$

(3) x m を分速 60 m，$(1200-x)$ m を分速 120 m で進んだので，かかった時間は，
$\dfrac{x}{60}+\dfrac{1200-x}{120}=\dfrac{2x+(1200-x)}{120}$
$\qquad =\dfrac{x+1200}{120}$（分）

3　1次方程式

解答　　　　　　　　　　　　　　p.6 ～ p.7

1 (1) $x=20$　(2) $x=5$　(3) $x=-6$　(4) $x=-\dfrac{1}{3}$

(5) $x=6$　(6) $x=5$　(7) $x=\dfrac{17}{2}$　(8) $x=-4$

2 (1) $a=3$　　(2) $x=15$

3 23

4 14 年後

5 1.2 km

6 51 個

7 16 人

解き方

1 (1) $5x-60=2x$ 　　(2) 　　$x=3x-10$
$\quad 5x-2x=60$ 　　　　　　$x-3x=-10$
$\qquad 3x=60$ 　　　　　　　　$-2x=-10$
$\qquad\ x=20$ 　　　　　　　　　　$x=5$

(3) $3x-8=7x+16$ 　(4) $4x-5=x-6$
$\quad 3x-7x=16+8$ 　　　$4x-x=-6+5$
$\qquad -4x=24$ 　　　　　　　$3x=-1$
$\qquad\ \ x=-6$ 　　　　　　　　$x=-\dfrac{1}{3}$

(5) $3(x+5)=4x+9$ 　(6) $1.3x-2=0.7x+1$
$\quad 3x+15=4x+9$ 　両辺を 10 倍して，
$\quad 3x-4x=9-15$ 　　$13x-20=7x+10$
$\qquad -x=-6$ 　　　　$13x-7x=10+20$
$\qquad\ \ x=6$ 　　　　　　　　$6x=30$
$\qquad\qquad\qquad\qquad\qquad\ \ x=5$

(7) $\dfrac{2x-3}{4}=\dfrac{x+2}{3}$ 　(8) $\dfrac{x-6}{8}-0.75=\dfrac{1}{2}x$
両辺を 12 倍して，　両辺を 8 倍して，
$\quad 3(2x-3)=4(x+2)$ 　　$x-6-6=4x$
$\qquad 6x-9=4x+8$ 　　　　$x-4x=12$
$\qquad 6x-4x=8+9$ 　　　　$-3x=12$
$\qquad\quad 2x=17$ 　　　　　　　$x=-4$
$\qquad\quad\ \ x=\dfrac{17}{2}$

2 (1) 方程式 $ax+9=5x-a$ に $x=6$ を代入すると，
$\quad 6a+9=30-a$
これより，$6a+a=30-9$　$7a=21$　$a=3$

(2) $6:8=x:20$ より，$8x=6\times 20$　$8x=120$
$\quad x=15$

3 連続する 3 つの自然数のうち，いちばん小さい数を x とすると，$x+(x+1)+(x+2)=72$

これより，$3x+3=72$　$3x=69$　$x=23$

よって，いちばん小さい自然数は 23 である。

4 今から x 年後，父の年齢は $(40+x)$ 歳，息子の年齢は $(13+x)$ 歳だから，父の年齢が息子の年齢の 2 倍になったとすると，$40+x=2(13+x)$

これより，$40+x=26+2x$　$-x=-14$　$x=14$

よって，父の年齢が息子の年齢の 2 倍になるのは，今から 14 年後。

5 家から学校までの道のりを x m とすると，毎分 60 m の速さで歩いて行くときにかかる時間は $\dfrac{x}{60}$ 分である。また，時速 12 km ＝ 分速 200 m より，時速 12 km の速さで自転車に乗っていくときにかかる時間は $\dfrac{x}{200}$ 分と表すことができるので，

$\dfrac{x}{60}=\dfrac{x}{200}+14$

両辺を 600 倍して，$10x=3x+8400$

$7x=8400$　$x=1200$

よって，家から学校までの道のりは，

1200 m ＝ 1.2 km

6 子どもが x 人いるとする。

りんごの個数は，「1 人 6 個ずつ配ると 9 個あまる」ことから $(6x+9)$ 個と表すことができる。

また，「1 人 9 個ずつ配ると 12 個足りない」ことから $(9x-12)$ 個と表すこともできるので，方程式は，

$6x+9=9x-12$

これより，$-3x=-21$　$x=7$

よって，子どもの数は 7 人で，りんごの個数は，

$6\times7+9=51$（個）

〔または，$9\times7-12=51$（個）〕

別解　りんごの個数を x 個として，子どもの人数についての方程式をつくって求めてもよい。

$\dfrac{x-9}{6}=\dfrac{x+12}{9}$　$3x-27=2x+24$　$x=51$

よって，りんごの個数は 51 個。

7 男子の人数を x 人とすると，女子の人数は $(40-x)$ 人だから，男子の得点の合計は $57x$ 点で，女子の得点の合計は $62(40-x)$ 点である。

男子と女子の得点の合計が 60×40 点だから，方程式は，$57x+62(40-x)=60\times40$

これより，$57x+2480-62x=2400$

$-5x=-80$　$x=16$

よって，このクラスの男子の人数は，16 人。

4　比例と反比例

解答　　　　　　　　　　　　　　　p.8 ～ p.9

1 エ

2 ウ，$y=3x$

3 (1) $y=-2x$　(2) 4　(3) -3

4 (1) $y=\dfrac{24}{x}$　(2) 8　(3) $y=\dfrac{8}{x}$　(4) $\dfrac{3}{2}$

5 (1) $y=\dfrac{12}{x}$　(2) $y=\dfrac{3}{4}x$　(3) 9 cm²

解き方

1 ア，イ，ウは x の値を決めても y の値がただ 1 つに決まらないので関数ではない。

エは y を x の式で表すと $y=\dfrac{100}{x}$ となり，関数である。

2 それぞれ y を x の式で表すと，

ア…$y=6x^2$　　　　イ…$y=\dfrac{700}{x}$

ウ…$y=3x$　　　　エ…$y=x+50$

3 (1) 比例定数は $-6\div3=-2$ だから，$y=-2x$

別解　$y=ax$ に $x=3$，$y=-6$ を代入して，

$-6=3a$　$a=-2$

よって，$y=-2x$

(2) 比例定数は $-8\div2=-4$ だから，$y=-4x$

また，$x=-1$ のとき，$y=-4\times(-1)=4$

(3) 比例定数は $6\div4=\dfrac{3}{2}$ だから，$y=\dfrac{3}{2}x$

また，$x=-2$ のとき，$y=\dfrac{3}{2}\times(-2)=-3$

4 (1) 比例定数は $4\times6=24$ だから，$y=\dfrac{24}{x}$

別解　$y=\dfrac{a}{x}$ に $x=4$，$y=6$ を代入して，

$6=\dfrac{a}{4}$　$a=24$

よって，$y=\dfrac{24}{x}$

(2) 比例定数は $6\times(-12)=-72$ だから，

$y=-\dfrac{72}{x}$

また，$x=-9$ のとき，$y=-\dfrac{72}{-9}=8$

(3) 反比例のグラフが点 $(2，4)$ を通るから，比例定数は，$2\times4=8$

よって，関数の式は，$y=\dfrac{8}{x}$

(4) 表より, $x=-2$ のとき $y=3$ だから，比例定数は，$-2×3=-6$

式は $y=-\dfrac{6}{x}$ だから，$x=-4$ のとき，

$y=-\dfrac{6}{-4}=\dfrac{3}{2}$

5(1) 反比例のグラフで，点 $(2,6)$ を通るから，
比例定数は，$2×6=12$

よって，グラフの式は，$y=\dfrac{12}{x}$

(2) 点 B は①のグラフ上にあり，x 座標が 4 だから，

y 座標は $y=\dfrac{12}{4}=3$

③は比例のグラフで，B$(4,3)$ を通るから，

$y=\dfrac{3}{4}x$

(3) 下の図のように，長方形で囲むと，

$△OAB=6×4-\dfrac{1}{2}×6×2-\dfrac{1}{2}×3×2-\dfrac{1}{2}×4×3$

$=24-6-3-6=9\ (\text{cm}^2)$

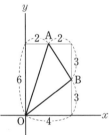

5 平面図形

| 解答 | p.10〜p.11 |

1(1) 3π cm　　(2) 6π cm^2

2(1) 6π cm　　(2) $(4\pi-8)$ cm^2

3

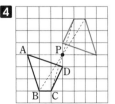

4

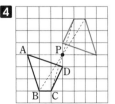

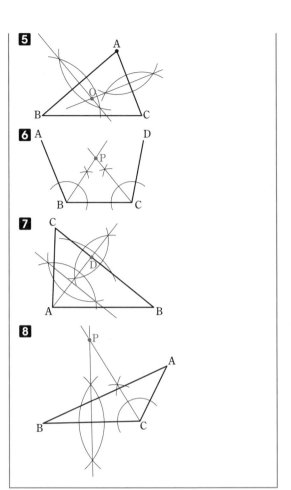

解き方

1(1) $2\pi×4×\dfrac{135}{360}=8\pi×\dfrac{3}{8}=3\pi\ (\text{cm})$

(2) $\pi×4^2×\dfrac{135}{360}=16\pi×\dfrac{3}{8}=6\pi\ (\text{cm}^2)$

2(1) $2\pi×2×\dfrac{180}{360}×2+2\pi×4×\dfrac{90}{360}$

$=4\pi+2\pi=6\pi\ (\text{cm})$

(2) 図のように移動させると，おうぎ形から直角二等辺三角形をひいた部分と等しくなるので，

$\pi×4^2×\dfrac{90}{360}-\dfrac{1}{2}×4×4=4\pi-8\ (\text{cm}^2)$

3 点 A を通り直線 ℓ に垂直な直線をひき，直線 ℓ からの距離が点 A と等しい点を，点 A の反対側にとる。点 B，C，D についても同じようにして点をとり，4 点を頂点とする四角形をかく。

4

4 直線 AP 上に，点 P からの距離が点 A と等しい点を，点 A の反対側にとる。点 B，C，D についても同じようにして点をとり，4 点を頂点とする四角形をかく。

5 線分 AB の垂直二等分線と線分 AC の垂直二等分線の交点を O とすればよい。

6 ∠ABC の二等分線と∠BCD の二等分線の交点を P とすればよい。

7 点 A から辺 BC に垂直な直線をひき，辺 BC との交点を D とすればよい。また，折り目の線分は，線分 AD の垂直二等分線のうち，△ABC 内の部分である。

8 線分 BC の垂直二等分線と，∠ACB の二等分線の交点を P とすればよい。

6 空間図形

解答	p.12 ～ p.13

1 3本
2 72π cm^2
3 $144°$
4 48π cm^3
5 16π cm^2
6 6 cm
7 4 cm
8 長方形
9 36π cm^3
10 $\dfrac{52}{3}\pi$ cm^3

解き方

1 辺 CF，辺 DF，辺 EF の 3 本。

2 円柱の展開図は図のようになり，側面を展開した長方形の横の長さは円周と等しく 6π cm である。

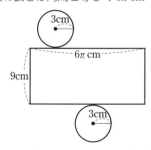

表面積は，$\pi\times3^2\times2+9\times6\pi=72\pi$ (cm^2)

3 円錐を展開したときにできる側面のおうぎ形の中心角は $360°\times\dfrac{半径}{母線}$ で求めることができるので，

$360°\times\dfrac{2}{5}=144°$

4 立面図の二等辺三角形において，底辺を 8 cm，高さを x cm とすると，$\dfrac{1}{2}\times8\times x=36$ より，

$x=9$

円錐の体積は，$\dfrac{1}{3}\times\pi\times4^2\times9=48\pi$ (cm^3)

5 $4\times\pi\times2^2=16\pi$ (cm^2)

6 円柱の高さを h cm とすると，

$\pi\times2^2\times h=24\pi$ より，$h=6$

7 球の体積は $\dfrac{4}{3}\pi\times3^3=36\pi$ (cm^3) だから，円柱の高さを h cm とすると，

$\pi\times3^2\times h=36\pi$ より，$h=4$

8 切り口は右の図のようになる。

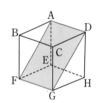

9 底面の半径が 3 cm，高さが 4 cm の円柱だから，体積は，$\pi\times3^2\times4=36\pi$ (cm^3)

10 半径 2 cm の球の半分と，底面の半径が 2 cm，高さが 3 cm の円柱を合わせた立体だから，体積は，

$\dfrac{4}{3}\pi\times2^3\times\dfrac{1}{2}+\pi\times2^2\times3=\dfrac{52}{3}\pi$ (cm^3)

7 データの整理

解答	p.14 ～ p.15

1 (1) 5　(2) 4 点　(3) 3.5 点
2 (1) $x=16$，$y=48$　(2) 115 g　(3) 0.12
　　(4) 0.26
3 ウ
4 (1) ア…10，イ…8，ウ…250　エ…720
　　(2) 30 kg
　　(3) $29\times30-720=150$ (kg) 増えたことになる。
　　　これより，6 人の入る階級の階級値は，
　　　$150\div6=25$ (kg) なので，20 kg 以上 30 kg
　　　未満の階級である。

解き方

1 (1) 得点が 0 点の人から順に，1 人，1 人，5 人，3 人，6 人，4 人である。

(2) 最も度数の多いのは 6 人の 4 点である。

(3) 得点の少ない順に，10 番目の人が 3 点，11 番目の人が 4 点だから，中央値はその平均をとって 3.5 点である。

2 (1) $4+9+13+6+2=34$ だから，$x=50-34=16$

$y=50-2=48$

別解 x は 110 g 以上 120 g 未満の階級の累積度数と 100 g 以上 110 g 未満の階級の累積度数の差なので，$x=42-26=16$

y は 110 g 以上 120 g 未満の階級の累積度数と 120 g 以上 130 g 未満の階級の度数の和なので，

$y=42+6=48$

(2) 度数が最も多い階級の階級値が最頻値になるので，115 g である。

🚨 ここに注意

階級の真ん中の値を**階級値**という。

(3) 相対度数＝$\dfrac{その階級の度数}{度数の合計}$ だから，

$6\div50=0.12$

(4) 90 g 以上 100 g 未満の階級の累積度数が 13 個だから，$13\div50=0.26$

3 ア 範囲＝最大値－最小値 だから，$5-0=5$（冊）

イ 最頻値は度数が 7 人の 3 冊である。

エ 平均値は，

$(0\times2+1\times3+2\times4+3\times7+4\times1+5\times3)\div20$

$=2.55$（冊）

4 (1) $35\times$イ$=280$ だから，イ$=280\div35=8$

ア$=24-(3+8+2+1)=10$

ウ$=25\times10=250$

エ$=45+250+280+90+55=720$

(2)（階級値）×（度数）の合計を 24 でわればよいので，

$720\div24=30$（kg）

(3) 1 年生 6 人が入ることにより，

30 人の（階級値）×（度数）の合計が

$29\times30=870$（kg）になったことから，6 人で

$870-720=150$（kg）増えたことになる。これは，

1 人あたり $150\div6=25$（kg）増えたことになるので，1 年生 6 人の階級は 20 kg 以上 30 kg 未満とわかる。

---

1 多項式の計算

Step 1 解答　　　　　　　　　　p.16 ～ p.17

1 (1) $5a$ と $6b$

(2) $3x$ と $-2y$ と 4

(3) $\dfrac{3}{4}x$ と $-y^2$ と $-\dfrac{1}{7}$

(4) $2mn$ と $8m^2n$ と $-6mn^2$ と 9

2 (1) 次数…2，文字の係数…4

(2) 次数…3，文字の係数…-1

(3) 次数…5，文字の係数…$\dfrac{3}{5}$

3 (1) 1 次式　(2) 2 次式　(3) 3 次式

(4) 6 次式

4 (1) $3a-2b$　(2) $-4x^2-10x$　(3) ab

(4) $-\dfrac{1}{3}x+\dfrac{5}{6}y$

5 (1) $5x+6y$　(2) $5b$　(3) $2x+4y$　(4) $-a-5b+2$

6 (1) $x+9y$　(2) $13a-12b$

(3) $7x-12y$　(4) $-x+8$

7 (1) $-6a+15b$　(2) $-4x+5y+2$

(3) $3a-4b$　(4) $2x^2-5x+1$

8 (1) $6x+10y$　(2) $\dfrac{a}{2}$

解き方

1 (2) $3x-2y+4=3x+(-2y)+4$ と書けるから，項は $3x$，$-2y$，4

2 (2) $-a^3=-1\times a\times a\times a$ より，係数は -1，a が 3 個かけられているから次数は 3

3 多項式の次数を決めるときは，最も次数の大きい項の次数を多項式の次数とする。

(1) $-3x$（1 次），$6y$（1 次）だから 1 次式。

(2) $2x^2$（2 次），$-4x$（1 次）だから 2 次式。

(3) m^2n（3 次），$-mn$（2 次），$7m$（1 次）だから 3 次式。

(4) $-s^3t^3$（6 次），$\dfrac{s^2}{8}$（2 次）だから 6 次式。

4 (1) $\underline{5a-6b-2a+4b}=3a-2b$

(2) $\underline{x^2-7x-3x-5x^2}=-4x^2-10x$

(3) $\underline{6ab-3a-5ab+3a}=ab$

🚨 ここに注意

ab を $1ab$ と書かないこと。

(4) $\underline{\dfrac{2}{3}x-\dfrac{1}{2}y-x+\dfrac{4}{3}y}=-\dfrac{1}{3}x+\dfrac{5}{6}y$

5 (1) $(2x+y)+(3x+5y)=2x+y+3x+5y$
$\qquad =5x+6y$

$\quad (2)$ $(3a-2b)+(-3a+7b)=3a-2b-3a+7b$
$\qquad =5b$

6 (1) $(3x+5y)-(2x-4y)=3x+5y-2x+4y$
$\qquad =x+9y$

$\quad (2)$ $(7a-4b)-(-6a+8b)=7a-4b+6a-8b$
$\qquad =13a-12b$

7 (1) $-3(2a-5b)=(-3)\times 2a+(-3)\times(-5b)$
$\qquad =-6a+15b$

$\quad (2)$ $(8x-10y-4)\times\left(-\dfrac{1}{2}\right)$
$\qquad =8x\times\left(-\dfrac{1}{2}\right)+(-10y)\times\left(-\dfrac{1}{2}\right)+(-4)\times\left(-\dfrac{1}{2}\right)$
$\qquad =-4x+5y+2$

$\quad (3)$ $(15a-20b)\div 5=(15a-20b)\times\dfrac{1}{5}$
$\qquad =15a\times\dfrac{1}{5}+(-20a)\times\dfrac{1}{5}=3a-4b$

$\quad (4)$ $(-14x^2+35x-7)\div(-7)$
$\qquad =(-14x^2+35x-7)\times\left(-\dfrac{1}{7}\right)$
$\qquad =(-14x^2)\times\left(-\dfrac{1}{7}\right)+35x\times\left(-\dfrac{1}{7}\right)+(-7)\times\left(-\dfrac{1}{7}\right)$
$\qquad =2x^2-5x+1$

8 (1) $4(3x-2y)-3(2x-6y)$
$\qquad =12x-8y-6x+18y=6x+10y$

$\quad (2)$ $\dfrac{3a-4b}{10}+\dfrac{a+2b}{5}=\dfrac{(3a-4b)+2(a+2b)}{10}$
$\qquad =\dfrac{3a-4b+2a+4b}{10}=\dfrac{5a}{10}=\dfrac{a}{2}$

Step 2	解答	p.18 ～ p.19

1 (1) 3 次式

$\quad (2)$ x^2y と $-xy^2$ と $-4x$ と $9y$ と 2

$\quad (3)$ -1

2 (1) $4.2x-1.8y$ $\quad (2)$ $2a+b+4$

$\quad (3)$ $\dfrac{5}{6}x-\dfrac{5}{4}y$ $\quad (4)$ $\dfrac{6}{5}x^2y-\dfrac{4}{3}xy^2$

3 (1) $5x-6y$ $\quad (2)$ $17x-y$ $\quad (3)$ $-2a+5b$

$\quad (4)$ $-3x-y$ $\quad (5)$ $-a+8b$ $\quad (6)$ $x+2y$

4 (1) $7x-4y$ $\quad (2)$ $a-4b$ $\quad (3)$ $x+18y$

$\quad (4)$ $-5a+3b$ $\quad (5)$ $2a+b-4$

$\quad (6)$ $-14x-3y+8$

5 (1) $-x^2-2x+3$ $\quad (2)$ $-11a+2b$

$\quad (3)$ $4a-11b$ $\quad (4)$ $-x+5y$

---

6 (1) $-3x+2y$ $\quad (2)$ $10x+10y$

7 (1) $\dfrac{7x-5y}{24}$ $\quad (2)$ $\dfrac{11a+5b}{6}$

$\quad (3)$ $\dfrac{7a+5b}{12}$ $\quad (4)$ $\dfrac{9x-5y}{2}$

解き方

2 (1) $0.2x-3y+4x+1.2y=4.2x-1.8y$

$\quad (2)$ $5a+2b-1-b-3a+5=2a+b+4$

$\quad (3)$ $\dfrac{x}{3}-\dfrac{y}{2}+\dfrac{x}{2}-\dfrac{3}{4}y=\dfrac{5}{6}x-\dfrac{5}{4}y$

$\quad (4)$ $\dfrac{1}{5}x^2y-xy^2+x^2y-\dfrac{1}{3}xy^2=\dfrac{6}{5}x^2y-\dfrac{4}{3}xy^2$

3 (1) $(7x-5y)-(2x+y)=7x-5y-2x-y=5x-6y$

$\quad (2)$ $2(7x-3y)+(3x+5y)=14x-6y+3x+5y$
$\qquad =17x-y$

$\quad (3)$ $a-b-3(a-2b)=a-b-3a+6b=-2a+5b$

$\quad (4)$ $2(2x-5y)-(7x-9y)=4x-10y-7x+9y$
$\qquad =-3x-y$

$\quad (5)$ $3(a+3b)-4a-b=3a+9b-4a-b=-a+8b$

$\quad (6)$ $8(x-y)-(7x-10y)=8x-8y-7x+10y$
$\qquad =x+2y$

4 (1) $3(x-2y)+2(2x+y)=3x-6y+4x+2y$
$\qquad =7x-4y$

$\quad (2)$ $-(2a+b)+3(a-b)=-2a-b+3a-3b$
$\qquad =a-4b$

$\quad (3)$ $3(2x+y)-5(x-3y)=6x+3y-5x+15y$
$\qquad =x+18y$

$\quad (4)$ $2(-a+5b-3)-(3a+7b-6)$
$\qquad =-2a+10b-6-3a-7b+6=-5a+3b$

$\quad (5)$ $3(2a-b)-4(a-b+1)=6a-3b-4a+4b-4$
$\qquad =2a+b-4$

$\quad (6)$ $4(x-3y+2)-9(2x-y)$
$\qquad =4x-12y+8-18x+9y=-14x-3y+8$

5 (1) $(x^2-2x-1)+(-2x^2+4)$
$\qquad =x^2-2x-1-2x^2+4=-x^2-2x+3$

$\quad (2)$ $-5a-\{b-3(b-2a)\}=-5a-(b-3b+6a)$
$\qquad =-5a-(-2b+6a)=-5a+2b-6a=-11a+2b$

$\quad (3)$ $10\left(\dfrac{3}{5}a-\dfrac{1}{2}b\right)-2(a+3b)$
$\qquad =6a-5b-2a-6b=4a-11b$

$\quad (4)$ $6\left(\dfrac{x-2y}{3}-\dfrac{x-3y}{2}\right)=2(x-2y)-3(x-3y)$
$\qquad =2x-4y-3x+9y=-x+5y$

6 (1) $A+B-C=(3x-2y)+(-5x)-(x-4y)$
$\qquad =3x-2y-5x-x+4y=-3x+2y$

(2) $A-2(B+C)-C=A-2B-2C-C$

$=A-2B-3C$

$=(3x-2y)-2\times(-5x)-3(x-4y)$

$=3x-2y+10x-3x+12y=10x+10y$

7 (1) $\dfrac{x-2y}{6}+\dfrac{x+y}{8}=\dfrac{4(x-2y)+3(x+y)}{24}$

$=\dfrac{4x-8y+3x+3y}{24}=\dfrac{7x-5y}{24}$

(2) $\dfrac{5a-b}{2}-\dfrac{2a-4b}{3}=\dfrac{3(5a-b)-2(2a-4b)}{6}$

$=\dfrac{15a-3b-4a+8b}{6}=\dfrac{11a+5b}{6}$

(3) $\dfrac{3a+b}{4}-\dfrac{a-b}{6}=\dfrac{3(3a+b)-2(a-b)}{12}$

$=\dfrac{9a+3b-2a+2b}{12}=\dfrac{7a+5b}{12}$

(4) $4x-6y+\dfrac{x+7y}{2}=\dfrac{2(4x-6y)+(x+7y)}{2}$

$=\dfrac{8x-12y+x+7y}{2}=\dfrac{9x-5y}{2}$

2 単項式の乗除

1 (1) $-54xy$　(2) $-12a^2b^2$　(3) $-\dfrac{1}{2}x^2y$

(4) $-2a^2b$　(5) $3m$　(6) $-x$

(7) $-2a$　(8) $9ab^2$

2 (1) $9x^2$　(2) $-8a^3$　(3) $-64a^3b^6$

(4) $\dfrac{4}{25}x^4y^2$

3 (1) 6　(2) $-\dfrac{4}{3}$　(3) $-8x^2$　(4) $\dfrac{1}{10}x^2$

4 (1) $-8a^4$　(2) $9x^3y^4$　(3) $\dfrac{1}{2}x^5y^3$

(4) ab　(5) $-\dfrac{x}{24}$　(6) $4y^2$

5 (1) $-6xy$　(2) $-2b^2$　(3) $12b^2$

(4) $20x^2$　(5) $3a^3b$　(6) $-\dfrac{3}{2}y^2$

6 (1) 14　(2) 12

解き方

1 (1) $9x\times(-6y)=9\times(-6)\times x\times y=-54xy$

(2) $(-3a)\times 4ab^2=(-3)\times 4\times a\times ab^2=-12a^2b^2$

(3) $2xy\times\left(-\dfrac{x}{4}\right)=2\times\left(-\dfrac{1}{4}\right)\times xy\times x=-\dfrac{1}{2}x^2y$

(4) $\dfrac{2}{3}a^2\times(-3b)=\dfrac{2}{3}\times(-3)\times a^2\times b=-2a^2b$

(5) $12m^2\div 4m=\dfrac{12m^2}{4m}=3m$

(6) $3x^2\div(-3x)=-\dfrac{3x^2}{3x}=-x$

(7) $8a^2b\div(-4ab)=-\dfrac{8a^2b}{4ab}=-2a$

(8) $6a^2b^3\div\dfrac{2}{3}ab=6a^2b^3\times\dfrac{3}{2ab}=\dfrac{6a^2b^3\times 3}{2ab}$

$=9ab^2$

2 (1) $(-3x)^2=(-3x)\times(-3x)=9x^2$

(2) $(-2a)^3=(-2a)\times(-2a)\times(-2a)=-8a^3$

(3) $(-4ab^2)^3=(-4ab^2)\times(-4ab^2)\times(-4ab^2)$

$=-64a^3b^6$

(4) $\left(-\dfrac{2}{5}x^2y\right)^2=\left(-\dfrac{2}{5}x^2y\right)\times\left(-\dfrac{2}{5}x^2y\right)$

$=\dfrac{4}{25}x^4y^2$

ここに注意

m, n を自然数とすると，

$a^m\times a^n=a^{m+n}$　　　$(a^m)^n=a^{mn}$

たとえば，

$a^2\times a^3=a^{2+3}=a^5$,　$(a^2)^3=a^{2\times 3}=a^6$

3 (1) $2x\times 3x^2\div x^3=\dfrac{2x\times 3x^2}{x^3}=6$

(2) $8a^2\div(-2a)\div 3a=-\dfrac{8a^2}{2a\times 3a}=-\dfrac{4}{3}$

(3) $6x^3\times\left(-\dfrac{2}{3}x\right)\div\dfrac{1}{2}x^2=6x^3\times\left(-\dfrac{2x}{3}\right)\times\dfrac{2}{x^2}$

$=-\dfrac{6x^3\times 2x\times 2}{3\times x^2}=-8x^2$

(4) $\dfrac{3}{4}x^2\div 3x\times\dfrac{2}{5}x=\dfrac{3}{4}x^2\times\dfrac{1}{3x}\times\dfrac{2}{5}x$

$=\dfrac{3x^2\times 2x}{4\times 3x\times 5}=\dfrac{1}{10}x^2$

4 (1) $(-2a^2)\times(-2a)^2=(-2a^2)\times 4a^2=-8a^4$

(2) $(-3xy)^2\times xy^2=9x^2y^2\times xy^2=9x^3y^4$

(3) $(0.5xy)^3\times(-2x)^2=\left(\dfrac{1}{2}xy\right)^3\times(-2x)^2$

$=\dfrac{1}{8}x^3y^3\times 4x^2=\dfrac{1}{2}x^5y^3$

(4) $(-3ab)^2\div 9ab=9a^2b^2\div 9ab=\dfrac{9a^2b^2}{9ab}=ab$

(5) $\left(-\dfrac{x}{2}\right)^3\div 3x^2=\left(-\dfrac{x^3}{8}\right)\times\dfrac{1}{3x^2}=-\dfrac{x^3}{8\times 3x^2}=-\dfrac{x}{24}$

(6) $(-2xy^2)^2\div(-xy)^2=4x^2y^4\div x^2y^2=\dfrac{4x^2y^4}{x^2y^2}=4y^2$

5 (1) $4x^2 \times 3y \div (-2x) = -\dfrac{4x^2 \times 3y}{2x} = -6xy$

(2) $6ab^3 \div (-3b) \div a = -\dfrac{6ab^3}{3b \times a} = -2b^2$

(3) $4ab^2 \div (-2a^2) \times (-6a) = \dfrac{4ab^2 \times 6a}{2a^2} = 12b^2$

(4) $-2xy \times (-5x) \div \dfrac{1}{2}y = -2xy \times (-5x) \times \dfrac{2}{y}$

$\quad = \dfrac{2xy \times 5x \times 2}{y} = 20x^2$

(5) $6a^3 \div (-2b)^2 \times 2b^3 = 6a^3 \div 4b^2 \times 2b^3$

$\quad = \dfrac{6a^3 \times 2b^3}{4b^2} = 3a^3 b$

(6) $(-2x^2 y^3) \times 3xy \div 4x^3 y^2 = -\dfrac{2x^2 y^3 \times 3xy}{4x^3 y^2}$

$\quad = -\dfrac{3}{2}y^2$

6 (1) $3(a+2b) - (a-4b) = 3a + 6b - a + 4b$

$\quad = 2a + 10b$

$\quad = 2 \times (-3) + 10 \times 2 = -6 + 20 = 14$

(2) $12ab^2 \div (-6b) = -2ab$

$\quad = -2 \times (-3) \times 2 = 12$

ここに注意

式の値を求めるときは，式をできるだけ簡単な
形に変形してから代入するとよい。

Step 2 解答　　　　　p.22 ～ p.23

1 (1) $2ab$　(2) $4a^2 b^3$　(3) $2ab^2$　(4) $7a^3$

　(5) $3x^3 y^2$　(6) $-18a^5$

2 (1) $7a^2$　(2) $-5b$　(3) $-2b$　(4) $\dfrac{3}{2}a$

　(5) $16x^3 y$　(6) $-\dfrac{2}{3}y$

3 (1) $6a^2 b$　(2) $3x^2$　(3) $10xy^3$　(4) $2a$

　(5) x^2　(6) $-3b$

4 (1) 24　(2) -1

5 (1) $a^4 b^7$　(2) $2a^2$　(3) $-16ab$　(4) $2xy^2$

　(5) $3a^2 b$　(6) $\dfrac{2}{5}a^2$

6 (1) $-18a^4$　(2) $8x^3 y$　(3) $9a^3 b$　(4) $9x^2$

解き方

1 (1) $\dfrac{1}{2}a \times 4b = \dfrac{1}{2} \times 4 \times a \times b = 2ab$

(2) $4a \times ab^3 = 4 \times a \times ab^3 = 4a^2 b^3$

(3) $6ab \times \dfrac{1}{3}b = 6 \times \dfrac{1}{3} \times ab \times b = 2ab^2$

(4) $(-a)^2 \times 7a = a^2 \times 7a = 7a^3$

(5) $9xy^2 \times \dfrac{x^2}{3} = 9 \times \dfrac{1}{3} \times xy^2 \times x^2 = 3x^3 y^2$

(6) $(-3a)^2 \times (-2a^3) = 9a^2 \times (-2a^3) = -18a^5$

2 (1) $14a^2 b \div 2b = \dfrac{14a^2 b}{2b} = 7a^2$

(2) $10ab \div (-2a) = -\dfrac{10ab}{2a} = -5b$

(3) $(-10ab^2) \div 5ab = -\dfrac{10ab^2}{5ab} = -2b$

(4) $(-3ab)^2 \div 6ab^2 = 9a^2 b^2 \div 6ab^2 = \dfrac{9a^2 b^2}{6ab^2} = \dfrac{3}{2}a$

(5) $(-8x^2 y)^2 \div 4xy = 64x^4 y^2 \div 4xy = \dfrac{64x^4 y^2}{4xy} = 16x^3 y$

(6) $(-2xy)^2 \div (-6x^2 y) = 4x^2 y^2 \div (-6x^2 y) = -\dfrac{4x^2 y^2}{6x^2 y}$

$\quad = -\dfrac{2}{3}y$

3 (1) $a^3 \times 6b^2 \div ab = \dfrac{a^3 \times 6b^2}{ab} = 6a^2 b$

(2) $2x \times 6x^2 y \div 4xy = \dfrac{2x \times 6x^2 y}{4xy} = 3x^2$

(3) $15xy^2 \div 6x^2 y \times (-2xy)^2$

$\quad = 15xy^2 \div 6x^2 y \times 4x^2 y^2 = \dfrac{15xy^2 \times 4x^2 y^2}{6x^2 y} = 10xy^3$

(4) $(-4a)^2 \times \dfrac{1}{4}b \div 2ab = 16a^2 \times \dfrac{1}{4}b \times \dfrac{1}{2ab}$

$\quad = \dfrac{16a^2 \times b}{4 \times 2ab} = 2a$

(5) $4xy^2 \div (-6y)^2 \times 9x = 4xy^2 \div 36y^2 \times 9x$

$\quad = \dfrac{4xy^2 \times 9x}{36y^2} = x^2$

(6) $(-6ab)^2 \div (-3a) \div 4ab$

$\quad = 36a^2 b^2 \div (-3a) \div 4ab = -\dfrac{36a^2 b^2}{3a \times 4ab} = -3b$

4 (1) $20x^2 y \div 15x \times 6y = \dfrac{20x^2 y \times 6y}{15x} = 8xy^2$

$\quad = 8 \times 3 \times (-1)^2 = 24$

(2) $12x^2 y^2 \div (-4x) = -\dfrac{12x^2 y^2}{4x} = -3xy^2$

$\quad = -3 \times \dfrac{1}{3} \times (-1)^2 = -1$

5 (1) $a^5 b^6 \div a \times b = \dfrac{a^5 b^6 \times b}{a} = a^4 b^7$

(2) $10a^2 b \div (-5ab) \times (-a) = \dfrac{10a^2 b \times a}{5ab} = 2a^2$

(3) $8a^2 \div (-2ab) \times 4b^2 = -\dfrac{8a^2 \times 4b^2}{2ab} = -16ab$

(4) $18xy \times x^2 y \div (-3x)^2 = 18xy \times x^2 y \div 9x^2$

$\quad = \dfrac{18xy \times x^2 y}{9x^2} = 2xy^2$

(5) $24a^3b^3\div 4ab\div 2b=\dfrac{24a^3b^3}{4ab\times 2b}=3a^2b$

(6) $\dfrac{18}{5}a\div(-3b)^2\times ab^2=\dfrac{18}{5}a\div 9b^2\times ab^2$

$\quad=\dfrac{18a\times ab^2}{5\times 9b^2}=\dfrac{2}{5}a^2$

6 (1) $3a^2b\div\dfrac{4}{3}ab\times(-2a)^3=3a^2b\times\dfrac{3}{4ab}\times(-8a^3)$

$\quad=-\dfrac{3a^2b\times 3\times 8a^3}{4ab}=-18a^4$

(2) $12x^3y^2\times 6x^2y\div(-3xy)^2$

$\quad=12x^3y^2\times 6x^2y\div 9x^2y^2=\dfrac{12x^3y^2\times 6x^2y}{9x^2y^2}=8x^3y$

(3) $3ab^2\times(-2a)^3\div\left(-\dfrac{8}{3}ab\right)$

$\quad=3ab^2\times(-8a^3)\times\left(-\dfrac{3}{8ab}\right)=\dfrac{3ab^2\times 8a^3\times 3}{8ab}=9a^3b$

(4) $-2xy\div\left(-\dfrac{4}{3}xy^2\right)\times 6x^2y$

$\quad=-2xy\times\left(-\dfrac{3}{4xy^2}\right)\times 6x^2y=\dfrac{2xy\times 3\times 6x^2y}{4xy^2}=9x^2$

3 式の計算の利用

Step 1 解答	p.24 ～ p.25

1 (1) 1　(2) 1　(3) 2　(4) $m+n+1$　(5) $m+n+1$

2 (1) $n+1$　(2) $n+2$　(3) $n+1$　(4) $n+1$　(5) $n+1$

3 (1) $10a+b$　(2) $10b+a$　(3) $a-b$　(4) $a-b$

(5) $a-b$

4 (1) πa^2b　(2) $\dfrac{1}{2}a$　(3) $2b$　(4) $\dfrac{1}{2}\pi a^2b$　(5) $\dfrac{1}{2}$

5 (1) $x=4-y$　(2) $b=\dfrac{15-3a}{5}$

(3) $r=\dfrac{\ell}{2\pi}$　(4) $x=\dfrac{8}{y}$

解き方

5 (1) $x+y=4$　〔x〕

y を右辺に移項して，$x=4-y$

(2) $3a+5b=15$　〔b〕

$3a$ を右辺に移項して，$5b=15-3a$

両辺を 5 でわって，$b=\dfrac{15-3a}{5}$

🚨 **ここに注意**

両辺を 5 でわるときに，右辺の各項を 5 でわって，$b=3-\dfrac{3}{5}a$ としてもよい。

(3) $\ell=2\pi r$　〔r〕

等式の左右を入れかえて，$2\pi r=\ell$

両辺を 2π でわって，$r=\dfrac{\ell}{2\pi}$

(4) $\dfrac{1}{2}xy=4$　〔x〕

両辺に 2 をかけて，$xy=8$

両辺を y でわって，$x=\dfrac{8}{y}$

Step 2 解答	p.26 ～ p.27

1 (1) $2n+2$，$2n+4$

(2) 連続する 3 つの偶数を $2n$，$2n+2$，$2n+4$（ただし，n は整数）とすると，その和は，

$2n+(2n+2)+(2n+4)=6n+6$

$=6(n+1)$

$n+1$ は整数だから，$6(n+1)$ は 6 の倍数である。したがって，連続する 3 つの偶数の和は 6 の倍数になる。

2 (1)① 3 倍　② m^3 倍　(2) $\dfrac{4}{5}$ 倍

3 3 けたの自然数 N は，$N=100a+10b+c$ と表されるから，$a+b+c=3k$（k は自然数）とすると，

$N=100a+10b+c$

$\quad=99a+9b+a+b+c$

$\quad=99a+9b+3k=3(33a+3b+k)$

ここで，$33a+3b+k$ は自然数だから，$3(33a+3b+k)$ は 3 の倍数である。

したがって，$a+b+c$ が 3 の倍数であるとき，自然数 N は 3 の倍数になる。

4 (1) $x=\dfrac{y+6}{3}$　(2) $y=\dfrac{3-5x}{4}$

(3) $x=\dfrac{3y+6}{2}$　(4) $b=\dfrac{\ell-2a}{2}$

(5) $b=2-5a$　(6) $c=\dfrac{8a-5b}{3}$

5 (1) $r=a-5b$　(2) $a=\dfrac{40-5b}{2}$

解き方

2 (1)① もとの円錐の体積は，底面の半径が r，高さが h であるから，$\dfrac{1}{3}\pi r^2h$ である。

半径を 3 倍し，高さを $\dfrac{1}{3}$ にした円錐の体積は，

$\dfrac{1}{3}\pi\times(3r)^2\times\dfrac{1}{3}h=\pi r^2h$

よって，$\pi r^2h\div\dfrac{1}{3}\pi r^2h=3$（倍）

②半径を mr とし，高さを mh にした円錐の体積

は，$\dfrac{1}{3}\pi\times(mr)^2\times mh=\dfrac{1}{3}\pi m^3r^2h$

よって，$\dfrac{1}{3}m^3\pi r^2h\div\dfrac{1}{3}\pi r^2h=m^3$（倍）

(2) 立体 P の体積は，$\pi\times(4a)^2\times5a=80\pi a^3$

立体 Q の体積は，$\pi\times(5a)^2\times4a=100\pi a^3$

よって，$80\pi a^3\div100\pi a^3=\dfrac{4}{5}$（倍）

4 (1) $y=3x-6$ 〔x〕

等式の左右を入れかえて，$3x-6=y$

-6 を右辺に移項して，$3x=y+6$

両辺を 3 でわって，$x=\dfrac{y+6}{3}$

(2) $5x+4y-3=0$ 〔y〕

$5x$，-3 を右辺に移項して，$4y=3-5x$

両辺を 4 でわって，$y=\dfrac{3-5x}{4}$

(3) $\dfrac{x}{3}-\dfrac{y}{2}=1$ 〔x〕

両辺を 6 倍して，$2x-3y=6$

$-3y$ を右辺に移項して，$2x=3y+6$

両辺を 2 でわって，$x=\dfrac{3y+6}{2}$ $\left(x=\dfrac{3}{2}y+3\right)$

(4) $\ell=2(a+b)$ 〔b〕

等式の左右を入れかえて，$2(a+b)=\ell$

かっこをはずして，$2a+2b=\ell$

$2a$ を右辺に移項して，$2b=\ell-2a$

両辺を 2 でわって，$b=\dfrac{\ell-2a}{2}$ $\left(b=\dfrac{\ell}{2}-a\right)$

別解 等式の左右を入れかえて，$2(a+b)=\ell$

両辺を 2 でわって，$a+b=\dfrac{\ell}{2}$

a を右辺に移項して，$b=\dfrac{\ell}{2}-a$

(5) $1.25a+0.25b=0.5$ 〔b〕

両辺を 4 倍して，$5a+b=2$

$5a$ を右辺に移項して，$b=2-5a$

(6) $a=\dfrac{5b+3c}{8}$ 〔c〕

両辺に 8 をかけて，$8a=5b+3c$

等式の左右を入れかえて，$5b+3c=8a$

$5b$ を右辺に移項して，$3c=8a-5b$

両辺を 3 でわって，$c=\dfrac{8a-5b}{3}$

5 (1) わられる数＝わる数×商＋余り より，

$a=5b+r$

これを r について解くと，$r=a-5b$

(2) $2a+5b=40$ を a について解くと，

$2a=40-5b$ $a=\dfrac{40-5b}{2}$

Step 3 ① 解答 p.28 〜 p.29

1 (1) $5x-9y+2$ (2) $-5x+4y+3$

(3) $14a-b$ (4) $\dfrac{5x+10y}{12}$

(5) $-\dfrac{1}{12}x-\dfrac{1}{4}y$ (6) $x-2y$

2 (1) a^2b (2) 2 (3) $4x^4y^4$ (4) $6xy$

3 (1) 6 (2) 60 (3) -3

4 $a=\dfrac{35c-19b}{16}$

5 (1)① $a=10x+y$，$b=10y+x$ と表すことがで

きるから，

$10a-b=10(10x+y)-(10y+x)$

$=99x=9\times11x$

$11x$ は自然数だから，$9\times11x$ は 9 の倍数で

ある。したがって，$10a-b$ は 9 の倍数になる。

② 89

(2) 3 でわると 2 余る 2 つの整数を，$3m+2$，

$3n+2$（m，n は整数）とすると，その和は，

$3m+2+3n+2=3m+3n+4$

$=3(m+n+1)+1$

$m+n+1$ は整数だから，$3(m+n+1)+1$ は

3 でわると 1 余る数である。したがって，3

でわると 2 余る 2 つの整数の和を 3 でわっ

た余りは 1 である。

6 (1) $b=\dfrac{2S-ah}{h}$ (2) $b=\dfrac{ac}{c-a}$

7 $-\dfrac{16}{3}xy^3$

解き方

1 (1) $2(x-4y+3)+(3x-y-4)$

$=2x-8y+6+3x-y-4=5x-9y+2$

(2) $(x+2y-5)-2(3x-y-4)$

$=x+2y-5-6x+2y+8=-5x+4y+3$

(3) $2(4a+b)-3(-2a+b)=8a+2b+6a-3b$

$=14a-b$

(4) $\dfrac{2x+y}{3}-\dfrac{x-2y}{4}=\dfrac{4(2x+y)-3(x-2y)}{12}$

$=\dfrac{8x+4y-3x+6y}{12}=\dfrac{5x+10y}{12}$

(5) $\dfrac{1}{4}(x-3y)-\dfrac{1}{6}(2x-3y)$

$=\dfrac{1}{4}x-\dfrac{3}{4}y-\dfrac{1}{3}x+\dfrac{1}{2}y=-\dfrac{1}{12}x-\dfrac{1}{4}y$

別解 $\dfrac{1}{4}(x-3y)-\dfrac{1}{6}(2x-3y)$

$=\dfrac{x-3y}{4}-\dfrac{2x-3y}{6}=\dfrac{3(x-3y)-2(2x-3y)}{12}$

$\dfrac{3x-9y-4x+6y}{12}=\dfrac{-x-3y}{12}\left(=-\dfrac{x+3y}{12}\right)$

(6) $\dfrac{1}{3}(x-3y)-\dfrac{1}{2}\left(2y-\dfrac{4}{3}x\right)$

$=\dfrac{1}{3}x-y-y+\dfrac{2}{3}x=x-2y$

2 (1) $ab^2\times a^2b^2\div ab^3=\dfrac{ab^2\times a^2b^2}{ab^3}=a^2b$

(2) $30ab^2\div 3b\div 5ab=\dfrac{30ab^2}{3b\times 5ab}=2$

(3) $32x^3y^4\div 8xy^2\times(xy)^2=32x^3y^4\div 8xy^2\times x^2y^2$

$=\dfrac{32x^3y^4\times x^2y^2}{8xy^2}=4x^4y^4$

(4) $\dfrac{9x^3y^2}{2}\div\dfrac{3x^2y}{4}=\dfrac{9x^3y^2}{2}\times\dfrac{4}{3x^2y}=6xy$

3 (1) $3(a+b)-(a+4b)=3a+3b-a-4b$

$=2a-b=2\times\dfrac{1}{2}-(-5)=6$

(2) $4x^2y^3\div 8xy^2\times 6x=\dfrac{4x^2y^3\times 6x}{8xy^2}=3x^2y$

$=3\times(-2)^2\times 5=60$

(3) $6ab\div(-3a^2)\times 9a^2b=-\dfrac{6ab\times 9a^2b}{3a^2}=-18ab^2$

$=-18\times\dfrac{3}{2}\times\left(-\dfrac{1}{3}\right)^2=-3$

4 男子 16 人の身長の合計は $16a$ cm,
女子 19 人の身長の合計は $19b$ cm,
クラス全員 35 人の身長の合計は $35c$ cm だから,
$16a+19b=35c$

これを a について解くと, $a=\dfrac{35c-19b}{16}$

5 (1)② $10a-b=99x=792$ より, $x=8$
十の位の数が 8 である 2 けたの自然数で最大の
数は 89 である。

6 (1) $S=\dfrac{(a+b)h}{2}$ $2S=(a+b)h$

$(a+b)h=2S$ $ah+bh=2S$

$bh=2S-ah$ $b=\dfrac{2S-ah}{h}$

別解 $(a+b)h=2S$ から,

両辺を h でわって, $a+b=\dfrac{2S}{h}$

$b=\dfrac{2S}{h}-a$

(2) $\dfrac{1}{a}-\dfrac{1}{b}=\dfrac{1}{c}$ より, $\dfrac{1}{b}=\dfrac{1}{a}-\dfrac{1}{c}$

右辺を通分して計算すると,

$\dfrac{1}{b}=\dfrac{1}{a}-\dfrac{1}{c}=\dfrac{c}{ac}-\dfrac{a}{ac}=\dfrac{c-a}{ac}$

両辺の逆数をとって, $b=\dfrac{ac}{c-a}$

別解 $\dfrac{1}{a}-\dfrac{1}{b}=\dfrac{1}{c}$ の両辺に abc をかけて,

$bc-ac=ab$

これより, $bc-ab=ac$ $(c-a)b=ac$

両辺を $c-a$ でわって, $b=\dfrac{ac}{c-a}$

7 $-\dfrac{1}{2}x^2y\div\left(-\dfrac{2}{3}xy\right)^2\times\square=6xy^2$ より,

$\square=6xy^2\times\left(-\dfrac{2}{3}xy\right)^2\div\left(-\dfrac{1}{2}x^2y\right)$

$=6xy^2\times\dfrac{4}{9}x^2y^2\times\left(-\dfrac{2}{x^2y}\right)=-\dfrac{6xy^2\times 4x^2y^2\times 2}{9\times x^2y}$

$=-\dfrac{16}{3}xy^3$

| Step 3 ② 　解答 | p.30 ～ p.31 |

1 (1) $\dfrac{2x-11y}{6}$　(2) $-x^5$　(3) $-2ab^3$　(4) $18ab$

(5) $-\dfrac{1}{9}x^3y$　(6) $-\dfrac{1}{2}x^3y$

2 (1) 4　(2) 6　(3) $b=\dfrac{a-4c}{2}$　(4) $-\dfrac{3}{4}$

3 A…$n+4$,　a…5,　b…2,　c…3,　d…5

4 (1) N の千の位の数を a, 十の位の数を b とす
ると, 百の位の数は $8-a$, 一の位の数は
$10-b$ だから,
$N=1000a+100(8-a)+10b+(10-b)$
$=1000a+800-100a+10b+10-b$
$=900a+9b+810$
$=9(100a+b+90)$
$100a+b+90$ は自然数だから,
$9(100a+b+90)$ は 9 の倍数である。
したがって, N は 9 の倍数である。

(2) $N \div 9 = 100a + b + 90 = 100 \times a + 10 \times 9 + 1 \times b$

　　a, b はそれぞれ N の千の位の数，十の位の数だから，N を 9 でわったときの商は，百の位の数が N の千の位の数に等しく，十の位の数は 9 で，一の位の数が N の十の位の数に等しい。

5 4 けたの自然数の，千の位の数を a，残り 3 けたの数を b とすると，4 けたの自然数は，$1000a + b$ と表される。

　　$b - a = 7k$（k は整数）とすると，

$$1000a + b = 1001a + b - a$$
$$= 1001a + 7k$$
$$= 7(143a + k)$$

　　$143a + k$ は自然数だから，もとの 4 けたの自然数も 7 の倍数になる。

解き方

1 (1) $\dfrac{x-y}{3} - \dfrac{2x+y}{2} + x - y$

$$= \dfrac{2(x-y) - 3(2x+y) + 6(x-y)}{6}$$

$$= \dfrac{2x - 2y - 6x - 3y + 6x - 6y}{6} = \dfrac{2x - 11y}{6}$$

(2) $(-x^2y)^3 \div 4x^3y^5 \times (-2xy)^2$

$$= (-x^6y^3) \div 4x^3y^5 \times 4x^2y^2$$

$$= -\dfrac{x^6y^3 \times 4x^2y^2}{4x^3y^5} = -x^5$$

(3) $\left(\dfrac{2}{3}ab^3\right)^2 \div (-2a^3b^4) \times 9a^2b$

$$= \dfrac{4}{9}a^2b^6 \times \left(-\dfrac{1}{2a^3b^4}\right) \times 9a^2b$$

$$= -\dfrac{4a^2b^6 \times 9a^2b}{9 \times 2a^3b^4} = -2ab^3$$

(4) $-3a^2b^2 \times (-2b)^2 \div \left(-\dfrac{2}{3}ab^3\right)$

$$= -3a^2b^2 \times 4b^2 \times \left(-\dfrac{3}{2ab^3}\right)$$

$$= \dfrac{3a^2b^2 \times 4b^2 \times 3}{2ab^3} = 18ab$$

(5) $\left(-\dfrac{2}{3}x^2y^3\right)^2 \div \left(-\dfrac{1}{4}xy\right)^3 \times \left(\dfrac{x}{16y}\right)^2$

$$= \dfrac{4}{9}x^4y^6 \div \left(-\dfrac{1}{64}x^3y^3\right) \times \dfrac{x^2}{256y^2}$$

$$= \dfrac{4}{9}x^4y^6 \times \left(-\dfrac{64}{x^3y^3}\right) \times \dfrac{x^2}{256y^2}$$

$$= -\dfrac{4x^4y^6 \times 64 \times x^2}{9 \times x^3y^3 \times 256y^2} = -\dfrac{1}{9}x^3y$$

(6) $\left(-\dfrac{1}{6}x^3y\right)^2 \div \left(\dfrac{3}{4}xy^2\right)^3 \times \left(-\dfrac{3y}{2}\right)^5$

$$= \dfrac{1}{36}x^6y^2 \div \dfrac{27}{64}x^3y^6 \times \left(-\dfrac{243y^5}{32}\right)$$

$$= \dfrac{1}{36}x^6y^2 \times \dfrac{64}{27x^3y^6} \times \left(-\dfrac{243y^5}{32}\right)$$

$$= -\dfrac{x^6y^2 \times 64 \times 243y^5}{36 \times 27x^3y^6 \times 32} = -\dfrac{1}{2}x^3y$$

2 (1) $3(x-2y) + 2(x+4y) = 3x - 6y + 2x + 8y$

$$= 5x + 2y = 5 \times 2 + 2 \times (-3) = 4$$

(2) $y = \dfrac{1}{2}x + 3$ より，$2y = x + 6$，$x - 2y + 6 = 0$ だから，

　　□ にあてはまる数は 6 である。

(3) $c = \dfrac{a - 2b}{4}$ より，$4c = a - 2b$　$2b = a - 4c$

　　$b = \dfrac{a - 4c}{2}$

(4) $(-2ab)^2 \times \dfrac{1}{3}a \div \left(-\dfrac{2}{3}a^2b\right)^2$

$$= 4a^2b^2 \times \dfrac{1}{3}a \div \dfrac{4}{9}a^4b^2 = 4a^2b^2 \times \dfrac{1}{3}a \times \dfrac{9}{4a^4b^2}$$

$$= \dfrac{4a^2b^2 \times a \times 9}{3 \times 4a^4b^2} = \dfrac{3}{a} = -\dfrac{3}{4}$$

ここに注意

$a^3 \div a^4 = \dfrac{a \times a \times a}{a \times a \times a \times a} = \dfrac{1}{a}$ のように，同じ文字のわり算で，わる式の次数のほうが大きいときは，分母に文字が残る。

4 連立方程式の解き方

1 (1) (左から) -2, -1, 0, 1, 2, 3, 4
(2) $(x,\ y)=(2,\ 4)$

2 (1) $2y$ (2) 120 (3) 60 (4) 150

3 (1) $(x+1)$ (2) 1 (3) 2

4 (1) $x=2$, $y=1$ (2) $x=3$, $y=-1$

5 (1) $x=4$, $y=-3$ (2) $x=-7$, $y=6$

6 $a=-2$, $b=1$

解き方

1 (1) $x-y=-1$ より, $y=x+1$ として計算する。
(2) $2x+y=8$ にそれぞれの値の組を代入して, 方程式が成り立つものを選ぶ。

4 (1) $\begin{cases} x+2y=4 \longrightarrow & x+2y=4 \\ 3x-y=5 \xrightarrow{\times 2} & +)\,6x-2y=10 \end{cases}$
$$\ \ 7x=14$$
$$x=2$$
$x=2$ を $x+2y=4$ に代入して,
$2+2y=4$　$2y=2$　$y=1$

(2) $\begin{cases} 2x+3y=3 \xrightarrow{\times 3} & 6x+\ 9y=9 \\ 3x-5y=14 \xrightarrow{\times 2} & -)\,6x-10y=28 \end{cases}$
$$19y=-19$$
$$y=-1$$
$y=-1$ を $2x+3y=3$ に代入して,
$2x-3=3$　$2x=6$　$x=3$

5 (1) $x=2y+10$ を $3x+y=9$ に代入して,
$3(2y+10)+y=9$　$7y=-21$　$y=-3$
$y=-3$ を $x=2y+10$ に代入して,
$x=2\times(-3)+10=4$

(2) $2x+y=-8$ より, $y=-2x-8$
これを, $3x+5y=9$ に代入して,
$3x+5(-2x-8)=9$　$-7x=49$　$x=-7$
$x=-7$ を $y=-2x-8$ に代入して,
$y=-2\times(-7)-8=6$

6 $x=1$, $y=-3$ をそれぞれの方程式に代入すると,
$a+6=4$ ……①,
$2-3b=-1$ ……②
①より, $a=-2$
②より, $-3b=-3$　$b=1$

1 (1) $(x,\ y)=(1,\ 6)$, $(2,\ 5)$, $(3,\ 4)$, $(4,\ 3)$,
$(5,\ 2)$, $(6,\ 1)$
(2) $(x,\ y)=(13,\ 5)$, $(26,\ 10)$, $(39,\ 15)$

2 (1) $x=-2$, $y=3$ (2) $x=-1$, $y=-4$
(3) $x=2$, $y=3$ (4) $x=5$, $y=-2$
(5) $x=-3$, $y=-7$ (6) $x=-2$, $y=3$
(7) $x=2$, $y=-1$ (8) $x=3$, $y=-2$

3 (1) $x=10$, $y=-4$ (2) $x=2$, $y=3$
(3) $x=9$, $y=6$ (4) $x=2$, $y=\dfrac{1}{3}$
(5) $x=3$, $y=-2$ (6) $x=3$, $y=2$

4 (1) $a=2$, $b=-1$ (2) $a=-1$, $b=5$

解き方

1 (2) $5x-13y=0$ より, $y=\dfrac{5}{13}x$
y が自然数になるのは x が 13 の倍数のときで,
$x\leqq 50$ より, $x=13$, 26, 39
$x=13$ を $y=\dfrac{5}{13}x$ に代入して, $y=5$
同様に, $x=26$ のとき, $y=10$
$x=39$ のとき, $y=15$
よって, $(x,\ y)=(13,\ 5)$, $(26,\ 10)$, $(39,\ 15)$

2 上の式を①, 下の式を②とする。
(1) ①$-$②$\times 2$　$\begin{array}{r} x+2y=4 \\ -)\,-6x+2y=18 \\ \hline 7x=-14 \\ x=-2 \end{array}$
$x=-2$ を①に代入して, $-2+2y=4$　$y=3$

(2) ①$\times 3-$②　$\begin{array}{r} 18x-3y=-6 \\ -)\ \ 4x-3y=8 \\ \hline 14x=-14 \\ x=-1 \end{array}$
$x=-1$ を①に代入して,
$-6-y=-2$　$y=-4$

(3) ①$\times 2-$②$\times 3$　$\begin{array}{r} 8x-6y=-2 \\ -)\,15x-6y=12 \\ \hline -7x=-14 \\ x=2 \end{array}$
$x=2$ を①に代入して, $8-3y=-1$　$y=3$

(4) ①$+$②$\times 3$　$\begin{array}{r} 2x-3y=16 \\ +)\,12x+3y=54 \\ \hline 14x=70 \\ x=5 \end{array}$
$x=5$ を②に代入して, $20+y=18$　$y=-2$

(5) ①×4＋②

$$28x-4y=-56$$
$$\underline{+)\ -9x+4y=-1}$$
$$19x=-57$$
$$x=-3$$

$x=-3$ を①に代入して，

$$-21-y=-14\quad y=-7$$

(6) ①×3－②×2

$$6x+\ 9y=15$$
$$\underline{-)\ 6x+16y=36}$$
$$-7y=-21$$
$$y=3$$

$y=3$ を①に代入して，$2x+9=5\quad x=-2$

(7) ①×3＋②×4

$$9x-12y=30$$
$$\underline{+)\ 16x+12y=20}$$
$$25x=50$$
$$x=2$$

$x=2$ を②に代入して，$8+3y=5\quad y=-1$

(8) ①×2＋②×3

$$14x+6y=30$$
$$\underline{+)\ 9x-6y=39}$$
$$23x=69$$
$$x=3$$

$x=3$ を②に代入して，$9-2y=13\quad y=-2$

3 上の式を①，下の式を②とする。

(1) ①を②に代入して，

$$2(3y+22)+3y=8\quad y=-4$$

これを①に代入して，$x=3\times(-4)+22=10$

(2) ②を①に代入して，$x+3(2x-1)=11\quad x=2$

これを②に代入して，$y=2\times2-1=3$

(3) ①を②に代入して，$5x-6(x-3)=9\quad x=9$

これを①に代入して，$y=9-3=6$

(4) ②を①に代入して，$2x+(7-3x)=5\quad x=2$

これを②に代入して，$3y=7-6\quad y=\dfrac{1}{3}$

⚠ **ここに注意**

> 連立方程式の解は，いつも整数とは限らない。
> $3y=1$ から $y=3$ とするような誤りをしない
> ように十分注意しよう。

(5) ①より，$x=2y+7$ ……③

③を②に代入して，$3(2y+7)+4y=1\quad y=-2$

これを③に代入して，$x=2\times(-2)+7=3$

(6) ②より，$x=-3y+9$ ……③

③を①に代入して，$3(-3y+9)+4y=17\quad y=2$

これを③に代入して，$x=-3\times2+9=3$

4 (1) 上の式を①，下の式を②とする。

$x=1$，$y=3$ を①，②に代入すると，

$$\begin{cases}2a+3b=1 & \cdots\cdots③\\a-6b=8 & \cdots\cdots④\end{cases}$$ の連立方程式が成り立つ。

③×2＋④ より，$5a=10\quad a=2$

$a=2$ を③に代入して，$4+3b=1\quad b=-1$

⚠ **ここに注意**

> 方程式の解がわかっているとき
> →解を方程式に代入した等式が成り立つ

(2) 2組の連立方程式は解が同じだから，

$$\begin{cases}4x+3y=-1 & \cdots\cdots①\\3x-y=9 & \cdots\cdots②\end{cases}$$ の連立方程式が成り立つ。

①＋②×3 より，$13x=26\quad x=2$

$x=2$ を②に代入して，$6-y=9\quad y=-3$

$ax-by=13$ と $bx-ay=7$ に $x=2$，$y=-3$ を
それぞれ代入すると，

$$\begin{cases}2a+3b=13 & \cdots\cdots③\\3a+2b=7 & \cdots\cdots④\end{cases}$$ の連立方程式が成り立つ。

③×2－④×3 より，$-5a=5\quad a=-1$

$a=-1$ を③に代入して，$-2+3b=13\quad b=5$

5　いろいろな連立方程式

Step 1　解答　　　　　　　　　　p.36 〜 p.37

1 (1) $3x+4y$　(2) 25　(3) 5　(4) -2

2 (1) $2x-3y$　(2) -1　(3) -5

3 (1) $3x-4y$　(2) -42　(3) -7　(4) $\dfrac{20}{3}$

4 (1) $2x-5y+4$　(2) $2x-5y$　(3) $-5x-y$

　　(4) 1　(5) 2

5 (1) $x=-6$，$y=4$　　(2) $x=2$，$y=-1$

　　(3) $x=-4$，$y=0$　　(4) $x=\dfrac{4}{5}$，$y=-\dfrac{2}{5}$

解き方

5 (1) 上の式を①，下の式を②とする。

②より，$2x+3y=6x+36\quad -4x+3y=36$ ……③

①×3－③×4 より，$25x=-150\quad x=-6$

これを①に代入して，$-18+4y=-2\quad y=4$

(2) 上の式を①，下の式を②とする。

①の両辺に 10 をかけて，$2x+3y=1$ ……③

②×3－③×2 より，$11x=22\quad x=2$

これを③に代入して，$4+3y=1\quad y=-1$

(3) 上の式を①，下の式を②とする。

①の両辺に 20 をかけて，$5x-4y=-20$ ……③

②×2－③ より，$x=-4$

これを②に代入して，$-12-2y=-12\quad y=0$

(4) $4x+3y=2$ ……①，$3x+y=2$ ……②とする。

　②×3−① より，$5x=4$　$x=\dfrac{4}{5}$

　これを②に代入して，$\dfrac{12}{5}+y=2$　$y=-\dfrac{2}{5}$

Step 2　解答　　　　　　　　p.38 〜 p.39

1 (1) $x=-4$，$y=5$　(2) $x=3$，$y=2$

2 (1) $x=2$，$y=-5$　(2) $x=8$，$y=-2$

3 (1) $x=\dfrac{1}{2}$，$y=\dfrac{5}{3}$　(2) $x=\dfrac{3}{2}$，$y=-3$

　　(3) $x=\dfrac{2}{3}$，$y=\dfrac{5}{9}$　(4) $x=4$，$y=-6$

4 (1) $x=3$，$y=-1$　(2) $x=-14$，$y=-11$

5 (1) $x=9$，$y=4$　(2) $x=2$，$y=-2$

　　(3) $x=\dfrac{1}{3}$，$y=-2$　(4) $x=3$，$y=1$

　　(5) $x=-3$，$y=\dfrac{5}{4}$　(6) $x=3$，$y=2$

解き方

1 上の式を①，下の式を②とする。

(1) ②より，$-x-4y=-16$ ……③

　　③×5+① より，$-17y=-85$　$y=5$

　　これを①に代入して，$5x+15=-5$　$x=-4$

(2) ①より，$2x+y=8$ ……③

　　②より，$-x+3y=3$ ……④

　　④×2+③ より，$7y=14$　$y=2$

　　これを③に代入して，$2x+2=8$　$x=3$

2 上の式を①，下の式を②とする。

(1) ①の両辺に 10 をかけて，$5x-14y=80$ ……③

　　②×5+③ より，$-4y=20$　$y=-5$

　　これを②に代入して，$-x-10=-12$　$x=2$

(2) ①の両辺に 10 をかけて，$2x+3y=10$ ……③

　　②の両辺に 100 をかけて，$x-14=3y$ ……④

　　④より，$3y=x-14$ だから，これを③の $3y$ のと
　　ころに代入して，$2x+(x-14)=10$　$x=8$

　　これを③に代入して，$16+3y=10$　$y=-2$

3 上の式を①，下の式を②とする。

(1) ①の両辺に 6 をかけて，$2x+3y=6$ ……③

　　②+③ より，$4x=2$　$x=\dfrac{1}{2}$

　　②−③ より，$6y=10$　$y=\dfrac{5}{3}$

(2) ①の両辺に 12 をかけて，

　　$2(4x-3)-3(y-3)=24$　$8x-3y=21$ ……③

---

③×4−②×3 より，$14x=21$　$x=\dfrac{3}{2}$

　これを②に代入して，$9-4y=21$　$y=-3$

(3) ①の両辺に 5 をかけて，$5-5x=3y$ ……③

　　②の両辺に 3 をかけて，$2x=3-3y$ ……④

　　③の $3y$ を④に代入して，

　　$2x=3-(5-5x)$　$x=\dfrac{2}{3}$

　　これを③に代入して，$5-\dfrac{10}{3}=3y$　$y=\dfrac{5}{9}$

(4) ②の両辺に 12 をかけて，

　　$2(5x+y)-(7x-5y)=-30$　$3x+7y=-30$ ……③

　　①×7+③ より，$31x=124$　$x=4$

　　これを①に代入して，$16-y=22$　$y=-6$

4 (1) $x+2y=1$ ……①，$2x+y-4=1$ ……② とする。

　　②より，$2x+y=5$ ……③

　　③×2−① より，$3x=9$　$x=3$

　　これを③に代入して，$6+y=5$　$y=-1$

(2) $5x-7y=2x-3y+2$ ……①

　　$5x-7y=-3x+4y+9$ ……②とする。

　　①より，$3x-4y=2$ ……③

　　②より，$8x-11y=9$ ……④

　　③×8−④×3 より，$y=-11$

　　これを③に代入して，$3x+44=2$　$x=-14$

5 (1) 上の式を①，下の式を②とする。

　　①の両辺に 10 をかけて，$4x+y=40$ ……③

　　②の両辺に 6 をかけて，$2x-3y=6$ ……④

　　③−④×2 より，$7y=28$　$y=4$

　　これを③に代入して，$4x+4=40$　$x=9$

(2) 上の式を①，下の式を②とする。

　　①の両辺に 30 をかけて，$24x+25y=-2$ ……③

　　②の両辺に 100 をかけて，$2x-5y=14$ ……④

　　③+④×5 より，$34x=68$　$x=2$

　　これを④に代入して，$4-5y=14$　$y=-2$

(3) 上の式を①，下の式を②とする。

　　①の両辺に 10 をかけて整理すると，

　　$6x-5y=12$ ……③

　　②の両辺に 10 をかけて整理すると，

　　$9x+15y=-27$　$3x+5y=-9$ ……④

　　③+④ より，$9x=3$　$x=\dfrac{1}{3}$

　　これを③に代入して，$2-5y=12$　$y=-2$

(4) $\dfrac{x-y}{2}=1$ より，$x-y=2$ ……①

　　$\dfrac{x+y}{4}=1$ より，$x+y=4$ ……②

①+② より，$2x=6$　$x=3$

①−② より，$-2y=-2$　$y=1$

(5) 上の式を①，下の式を②とする。

②より，$x+5=8(y-1)$　$x=8y-13$ ……③

③を①に代入して，$4(8y-13)+12y=3$　$y=\dfrac{5}{4}$

これを③に代入して，$x=10-13=-3$

(6) 上の式を①，下の式を②とする。

①+② より，$12x+12y=60$　$x+y=5$ ……③

①−③×5 より，$2x=6$　$x=3$

これを③に代入して，$3+y=5$　$y=2$

6　連立方程式の利用

<table>
<tr><td>Step 1　解答</td><td>p.40 ～ p.41</td></tr>
</table>

1 (1) $\begin{cases} x+y=30 \\ 90x+40y=1800 \end{cases}$

(2) りんご…12 個，みかん…18 個

2 (1) $\begin{cases} x+y=13 \\ 10y+x=10x+y+27 \end{cases}$

(2) 58

3 (1) $\dfrac{x}{6}+\dfrac{y}{4}$　(2) 9 km

4 (1) ⑦ 130　④ 10　⑨ $y\times\dfrac{15}{100}$

(2) 男子…50 人，女子…80 人

解き方

1 (1) 合わせて 30 個買ったことから，

$x+y=30$ ……①

代金が 1800 円であったことから，

$90x+40y=1800$ ……②

(2) ②−①×40 より，$50x=600$　$x=12$

これを①に代入して，$12+y=30$　$y=18$

よって，りんごは 12 個，みかんは 18 個。

🚨 ここに注意

次のように 1 次方程式を利用して，りんごやみかんの数を求めることもできる。

りんごの数を x 個とすると，みかんの数は $(30-x)$ 個だから，$90x+40(30-x)=1800$

これを解くと，$x=12$

よって，りんごの数は 12 個だから，みかんの数は $30-12=18$（個）

2 (1) 各位の数の和が 13 であることから，

$x+y=13$ ……①

もとの 2 けたの整数は $10x+y$，十の位と一の位の数を入れかえた 2 けたの整数は $10y+x$ と表すことができるので，

$10y+x=10x+y+27$ ……②

(2) ②より，$-9x+9y=27$　$x-y=-3$ ……③

①+③ より，$2x=10$　$x=5$

①−③ より，$2y=16$　$y=8$

よって，もとの整数は 58 である。

3 (1) 道のりの関係から，$x+y=15$ ……①

AB 間にかかった時間は $\dfrac{x}{6}$ 時間，BC 間にかかった時間は $\dfrac{y}{4}$ 時間で，合わせて 3 時間かかったから，$\dfrac{x}{6}+\dfrac{y}{4}=3$ ……②

(2) ①×3−②×12 より，$x=9$

よって，AB 間の道のりは 9 km である。

4 (2) 全体の人数の関係から，$x+y=130$ ……①

ボランティアに参加した人数の関係から，

$\dfrac{10}{100}x+\dfrac{15}{100}y=17$ ……②

①×10−②×100 より，$-5y=-400$　$y=80$

これを①に代入して，$x+80=130$　$x=50$

よって，男子が 50 人，女子が 80 人である。

<table>
<tr><td>Step 2　解答</td><td>p.42 ～ p.43</td></tr>
</table>

1 みかん…50 円，りんご…90 円

2 中学生…13 人，大人…5 人

3 男子…159 人，女子…120 人

4 400 m

5 838

6 (1)① $\begin{cases} x+y=2800 \\ \dfrac{x}{80}+\dfrac{y}{200}=23 \end{cases}$　② $\begin{cases} x+y=23 \\ 80x+200y=2800 \end{cases}$

(2) 歩いた道のり…1200 m

走った道のり…1600 m

7 A 店…360 個，B 店…330 個

解き方

1 みかん 1 個の値段を x 円，りんご 1 個の値段を y 円とすると，はじめに支払った代金から，

$3x+4y=510$ ……①

贈り物用として支払った代金から，

$7x+9y+140=1300$　$7x+9y=1160$ ……②

①×7−②×3 より，$y=90$

これを①に代入して，$3x+360=510$　$x=50$

よって，みかん 1 個の値段は 50 円，りんご 1 個の値段は 90 円である。

2 中学生が x 人，大人が y 人であったとすると，

人数の合計から，$22+x+y=40$

$x+y=18$ ……①

入場料の総額から，$100×22+200x+500y=7300$

$2x+5y=51$ ……②

②−①×2 より，$3y=15$　$y=5$

これを①に代入して，$x+5=18$　$x=13$

よって，中学生が 13 人，大人が 5 人である。

3 昨年度の人数の関係から，$x+y=279-4$

$x+y=275$ ……①

今年度の人数の関係から，

$1.06x+0.96y=279$ ……②

①×96−②×100 より，$-10x=-1500$　$x=150$

これを①に代入して，$150+y=275$　$y=125$

これより，今年度の入学者数は，

男子…$1.06x=1.06×150=159$（人）

女子…②より $279-159=120$（人）

別解　今年度の入学者数は昨年度と比べて 4 人増加したことから，$0.06x-0.04y=4$

②の式のかわりにこの式を用いてもよい。

🚨 **ここに注意**

方程式を解いて求めた x，y の値は昨年度の男子，女子の入学者数だから，これをそのまま答えにしない。

4 A さんの家から郵便局までの道のりを x m，郵便局から図書館までの道のりを y m とする。

行きと帰りにかかった時間について，

行きは x m が上り坂，y m が下り坂だから，

$\dfrac{x}{80}+\dfrac{y}{100}=13$ ……①

帰りは x m が下り坂，y m が上り坂だから，

$\dfrac{x}{100}+\dfrac{y}{80}=14$ ……②

①，②の両辺にそれぞれ 400 をかけて，

$5x+4y=5200$ ……③，$4x+5y=5600$ ……④

③+④ より，$9x+9y=10800$

$x+y=1200$ ……⑤

③−⑤×4 より，$x=400$

よって，A さんの家から郵便局までは 400 m。

🚨 **ここに注意**

例えば「A さんの家から図書館までの道のりを求めなさい。」という問題であれば，$x+y=1200$ より，x，y を個別に求めなくても 1200 m とわかる。

5 N の百の位と一の位の数を x，十の位の数を y とすると，各位の数の和が 19 であることから，

$x+y+x=19$　$2x+y=19$ ……①

また，$N=100x+10y+x=101x+10y$，

$M=100y+10x+x=11x+100y$ と表すことができ，

$M=N-450$ より $11x+100y=101x+10y-450$

$90x-90y=450$　$x-y=5$ ……②

①+② より，$3x=24$　$x=8$

これを②に代入して，$8-y=5$　$y=3$

よって，$N=838$

6 (1) 線分図をかくと，

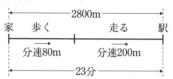

① 道のりの関係から，$x+y=2800$ ……㋐，かかった時間の関係から，$\dfrac{x}{80}+\dfrac{y}{200}=23$ ……㋑

② 時間の関係から，$x+y=23$ ……㋒，

進んだ道のりの関係から，

$80x+200y=2800$ ……㋓

(2) (1)の㋐，㋑の連立方程式を解くと，

$x=1200$，$y=1600$

よって，歩いた道のりは 1200 m，走った道のりは 1600 m である。

または，(1)の㋒，㋓の連立方程式を解くと，

$x=15$，$y=8$

このとき，歩いた道のりは，$80×15=1200$（m）

走った道のりは，$200×8=1600$（m）

7 A 店，B 店で販売した商品の個数をそれぞれ x 個，y 個とすると，個数の合計が 690 個だから，

$x+y=690$ ……①

A 店の売上金額は，$250×0.8×x=200x$（円）

B 店の売上金額は，

$250(y-84)+250×0.5×84=250y-10500$（円）

よって，$200x=250y-10500$

$4x-5y=-210$ ……②

① $\times 5+$② より， $9x=3240$　 $x=360$

これを①に代入して， $360+y=690$　 $y=330$

よって，A店が360個，B店が330個。

1 (1) $x=5$，$y=-2$　(2) $x=7$，$y=-2$

　(3) $x=6$，$y=3$　(4) $x=3$，$y=2$

2 140個

3 160個

4 (1) Pチーム…18ポイント，Qチーム…9ポイント

　(2)勝った回数…3回，引き分けた回数…2回

5 食塩水A…8％，食塩水B…3％

6 電車Aが鉄橋Pを渡り始めてから渡り終わる

　までに進む道のりは $(200+y)$ m だから，

　 $80x=200+y$ ……①

　電車Bが鉄橋Qを渡り始めてから渡り終わる

　までに進む道のりは $(180+0.6y)$ m だから，

　 $1.2x\times50=180+0.6y$　 $60x=180+0.6y$

　 $100x=300+y$ ……②

　②$-$① より， $20x=100$　 $x=5$

　これを①に代入して， $400=200+y$　 $y=200$

　　　　　　　　　　　　（答え） $x=5$，$y=200$

解き方

1 (1)上の式を①，下の式を②とする。

　①の両辺に4をかけて， $2x-3y=16$ ……③

　②の両辺に10をかけて， $-2x+5y=-20$ ……④

　③$+$④ より， $2y=-4$　 $y=-2$

　これを③に代入して， $2x+6=16$　 $x=5$

(2)上の式を①，下の式を②とする。

　①の両辺に12をかけて，

　 $3(3x+2y)-2(x-y)=33$　 $7x+8y=33$ ……③

　②の両辺に100をかけて，

　 $10x+15y=40$　 $2x+3y=8$ ……④

　③$\times3-$④$\times8$ より， $5x=35$　 $x=7$

　これを④に代入して， $14+3y=8$　 $y=-2$

(3)上の式を①，下の式を②とする。

　①より， $2(x+4)=5(y+1)$　 $2x-5y=-3$ ……③

　②より， $x-3y=-3$ ……④

　③$-$④$\times2$ より， $y=3$

　これを④に代入して， $x-9=-3$　 $x=6$

(4) $\dfrac{x+1}{4}=\dfrac{7-2y}{3}$ より，

　 $3(x+1)=4(7-2y)$　 $3x+8y=25$ ……①

$\dfrac{x+1}{4}=\dfrac{3x-2y}{5}$ より，

　 $5(x+1)=4(3x-2y)$　 $7x-8y=5$ ……②

　①$+$② より， $10x=30$　 $x=3$

　これを①に代入して， $9+8y=25$　 $y=2$

2 仕入れたAの個数を x 個，Bの個数を y 個とする。

　午前中に売れた個数について，

　 $0.3(x+y)=57$　 $x+y=190$ ……①

　売れ残った個数について，

　 $0.1x+0.04y=16$　 $5x+2y=800$ ……②

　②$-$①$\times2$ より， $3x=420$　 $x=140$

　よって，仕入れたAの個数は140個。

3 昨日の製品A，Bの売り上げ個数をそれぞれ x 個，y 個とする。昨日の売り上げ個数について，

　 $x+y=600$ ……①

　本日の売り上げの合計について，

　 $200\times0.8x+500\times1.1y=252000$

　 $16x+55y=25200$ ……②

　①$\times55-$② より， $39x=7800$　 $x=200$

　よって，本日の製品Aの売り上げ個数は，

　 $0.8\times200=160$ (個)

4 (1)Pチームは5勝3引き分けだから，ポイントは，

　　 $3\times5+1\times3=18$ (ポイント)

　　Qチームは2勝3引き分けだから，ポイントは，

　　 $3\times2+1\times3=9$ (ポイント)

　(2)Pチームが x 回勝って y 回引き分けたとすると，

　　Pチームは x 勝 y 引き分けだから，

　　 $3x+y=11$ ……①

　　Qチームは $(10-x-y)$ 勝 y 引き分けだから，

　　 $3(10-x-y)+y=17$　 $3x+2y=13$ ……②

　　②$-$① より， $y=2$

　　これを①に代入して， $3x+2=11$　 $x=3$

　　よって，Pチームが勝った回数は3回，引き分けの回数は2回。

5 食塩水Aの濃度を x ％，食塩水Bの濃度を y ％として，食塩の重さについて方程式をつくる。

　食塩水A，Bをすべて混ぜたとき，

　 $300\times\dfrac{x}{100}+200\times\dfrac{y}{100}=500\times\dfrac{x-2}{100}$

　 $x-y=5$ ……①

　さらに水を500g入れて混ぜたとき，

　 $300\times\dfrac{x}{100}+200\times\dfrac{y}{100}=1000\times\dfrac{y}{100}$ ……②

　 $3x-8y=0$ ……②

　①$\times3-$② より， $5y=15$　 $y=3$

これを①に代入して，$x-3=5$　$x=8$
よって，食塩水 A の濃度は 8 ％，食塩水 B の濃度
は 3 ％である。

| Step 3 ② | 解答 | p.46〜p.47 |

1 (1) $x=\dfrac{1}{2}$, $y=-\dfrac{2}{3}$　(2) $x=\dfrac{1}{2}$, $y=\dfrac{3}{4}$

2 (1) $a=23$, $b=1$　(2) $x=\dfrac{2}{5}$, $y=\dfrac{7}{5}$, $a=\dfrac{6}{7}$

3 自転車コース…11 km，マラソンコース…2 km

4 (1) $\begin{cases} 0.9x+1.15y=840 \\ x+y=800 \end{cases}$

(2) A 地区…320 kg，B 地区…480 kg

5 点 P…秒速 21 cm，点 Q…秒速 9 cm

6 $x=5$, $y=8$

解き方

1 (1) $\dfrac{1}{x}=X$, $\dfrac{1}{y}=Y$ とおくと，方程式は，

$\begin{cases} X+2Y=-1 & \cdots\cdots① \\ 3X-4Y=12 & \cdots\cdots② \end{cases}$ となる。

①×2+②，$5X=10$　$X=2$
これを①に代入して，
$2+2Y=-1$　$2Y=-3$　$Y=-\dfrac{3}{2}$
x, y はそれぞれ X, Y の逆数だから，
$x=\dfrac{1}{2}$, $y=-\dfrac{2}{3}$

(2) $\dfrac{1}{2}x-\dfrac{2}{3}y=-\dfrac{1}{4}$ より，$6x-8y=-3$ ……①

$-2x+y=-\dfrac{1}{4}$ より，$-8x+4y=-1$ ……②

①+②×2 より，$-10x=-5$　$x=\dfrac{1}{2}$

これを①に代入して，
$3-8y=-3$　$-8y=-6$　$y=\dfrac{3}{4}$

2 (1) $\begin{cases} 6x-5y=3 \\ 4x-y=a \end{cases}$ の解を $x=m$, $y=n$ とすると，

$6m-5n=3$ ……①　$4m-n=a$ ……②

$\begin{cases} 4x-3y=12 \\ bx+2y=25 \end{cases}$ の解は $x=n$, $y=m$ だから，

$4n-3m=12$ より，$-3m+4n=12$ ……③
$bn+2m=25$ より，$2m+bn=25$ ……④
①+③×2 より，$3n=27$　$n=9$
これを①に代入して，$6m-45=3$　$m=8$

$m=8$, $n=9$ を②，④にそれぞれ代入して，
$32-9=a$　$a=23$
$16+9b=25$　$b=1$

別解 $6x-5y=3$, $4x-y=a$ の x と y を入れ

かえると，$\begin{cases} -5x+6y=3 & \cdots\cdots① \\ -x+4y=a & \cdots\cdots② \end{cases}$

これが $\begin{cases} 4x-3y=12 & \cdots\cdots③ \\ bx+2y=25 & \cdots\cdots④ \end{cases}$ と同じ解をもつか

ら，①+③×2 より，$x=9$
これを①に代入して，$y=8$
$x=9$, $y=8$ を②，④にそれぞれ代入して，
$a=23$, $b=1$

(2) $x:y=2:7$ より，定数 k を使って，$x=2k$,
$y=7k$ と表せる。これを連立方程式に代入して，
$18k+14ak=6$　$9k+7ak=3$ ……①
$k-7ak=-1$ ……②

①+② より，$10k=2$　$k=\dfrac{1}{5}$

よって，$x=\dfrac{2}{5}$, $y=\dfrac{7}{5}$

これを②に代入して，$\dfrac{1}{5}-\dfrac{7}{5}a=-1$　$a=\dfrac{6}{7}$

別解 $x:y=2:7$ より，

$2y=7x$　$y=\dfrac{7}{2}x$ ……①

①を $9x+2ay=6$ に代入して，
$9x+7ax=6$ ……②
①を $\dfrac{x}{2}-ay=-1$ に代入して，$\dfrac{x}{2}-\dfrac{7ax}{2}=-1$
$x-7ax=-2$ ……③

②+③ より，$x=\dfrac{2}{5}$　このとき，$y=\dfrac{7}{5}$

これを③に代入して，$a=\dfrac{6}{7}$

3 距離について，$0.2+x+y=13.2$　$x+y=13$ ……①
かかった時間について，

$\dfrac{4}{60}+\dfrac{x}{15}+\dfrac{y}{10}=1$　$2x+3y=28$ ……②

①×3−② より，$x=11$
これを①に代入して，$y=2$
よって，自転車コースは 11 km，マラソンコースは
2 km である。

4 (1) 5 月に回収した古紙の重さについて，
$0.9x+1.15y=840$ ……①
4 月に回収した古紙の重さの合計は，
$840÷(1+0.05)=800$ (kg) だから，

$x+y=800$ ……②

(2) ①$-$②$\times 0.9$ より，$0.25y=120$　$y=480$

　　これを②に代入して，$x+480=800$　$x=320$

　　よって，A 地区が 320 kg，B 地区が 480 kg である。

5 P，Q の速さをそれぞれ秒速 x cm，y cm とする。出発して 4 秒後のようすは右のようになる。

このとき，P と Q は合わせて AB 間の 1 往復分を進んでいるので，$4x+4y=60\times 2$

$x+y=30$ ……①

また，出発して 10 秒後のようすは右のようになる。

このとき，P が進んだ道のりは Q が進んだ道のりよりも AB 間の 1 往復分多いので，

$10x-10y=60\times 2$　$x-y=12$ ……②

①$+$② より，$2x=42$　$x=21$

①$-$② より，$2y=18$　$y=9$

よって，点 P の速さは秒速 21 cm，点 Q の速さは秒速 9 cm である。

6 各段の数を x，y を使って表すと，

2 段目の数は左から，x，$x+y$，y

3 段目の数は左から，x，$2x+y$，$x+2y$，y

4 段目の数は左から，

x，$3x+y$，$3x+3y$，$x+3y$，y

3 段目の左から 2 番目の数が 18 だから，

$2x+y=18$ ……①

4 段目の左から 4 番目の数が 29 だから，

$x+3y=29$ ……②

②$\times 2-$① より，$5y=40$　$y=8$

これを①に代入して，$2x+8=18$　$x=5$

7　1次関数の式とグラフ ①

Step 1　解答　　　　　　　　p.48 〜 p.49

1 ア，ウ，オ，カ

2 ア，ウ，オ

3 (1) ① 5，増加する　② -2，減少する

　　(2) ① $\dfrac{3}{4}$　② 3

4
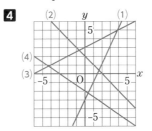

5 イ，カ

6 (1) $-1\leqq y\leqq 4$　(2) $-4\leqq y\leqq -\dfrac{3}{2}$

解き方

1 変形すると $y=ax+b$（ただし，a，b は定数で，a は 0 ではない）になる関数の式を 1 次関数の式という。$b=0$ のとき，式は $y=ax$ となり，これは 1 年生で学習した比例の式である。したがって，比例の関係は 1 次関数の特別な場合であるといえる。

2 それぞれの数量の関係を式で表すと，

　　ア $y=90x+80$……1 次関数

　　イ $y=\pi x^2$……1 次関数ではない

　　ウ $y=1000-70x$……1 次関数

　　エ $y=\dfrac{50}{x}$……1 次関数ではない

　　オ $y=6x$……1 次関数

　　よって，**ア**，**ウ**，**オ** が 1 次関数である。

3 (1) 1 次関数 $y=ax+b$ の変化の割合は，x の値がどこからどこまで増加するかにかかわらず一定であり，その値は a に等しい。よって，①では 5，②では -2 となる。また，変化の割合が正のとき，x の値が増加（減少）すると y の値も増加（減少）し，変化の割合が負のとき，x の値が増加（減少）すると y の値は減少（増加）する。

　　(2) 1 次関数 $y=\dfrac{3}{4}x+1$ において，

　　　① x の増加量が 1 のとき，y の増加量は $\dfrac{3}{4}$

② x の増加量が 4 のとき，y の増加量は $\dfrac{3}{4}\times 4=3$

4 $y=ax+b$ のグラフをかくときは，点 $(0,\ b)$ を通り，傾きが a になるような直線をかけばよい。

(1) 切片が -3 だから，

$(0,\ -3)$ を通る。

また，傾きが 2 だから，

x の値が 1 増加すると，

y の値は 2 増加する。

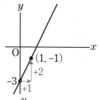

(2) 切片が 2 だから，

$(0,\ 2)$ を通る。

また，傾きが -1 だから，

x の値が 1 増加すると，

y の値は 1 減少する。

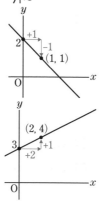

(3) 切片が 3 だから，

$(0,\ 3)$ を通る。

また，傾きが $\dfrac{1}{2}$ だから，

x の値が 2 増加すると，

y の値は 1 増加する。

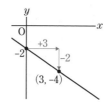

(4) 切片が -2 だから，

$(0,\ -2)$ を通る。

また，傾きが $-\dfrac{2}{3}$ だから，

x の値が 3 増加すると，

y の値は 2 減少する。

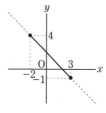

5 それぞれの点の x 座標，y 座標の値を $y=2x-3$ に代入して，等式が成り立てば，1 次関数 $y=2x-3$ のグラフ上の点である。

6 (1) $y=-x+2$ では，

$x=-2$ のとき，$y=4$

$x=3$ のとき，$y=-1$

グラフに表すと図のようになるので，y の変域は，

$-1\leqq y\leqq 4$

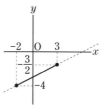

(2) $y=\dfrac{1}{2}x-3$ では，

$x=-2$ のとき $y=-4$，

$x=3$ のとき $y=-\dfrac{3}{2}$

グラフに表すと図のようになるので，y の変域は，

$-4\leqq y\leqq -\dfrac{3}{2}$

---

1 ウ，オ

2 (1) イ，エ，オ　(2) カ

3 3

4 (1) 18　(2) 順に，240，1200

5

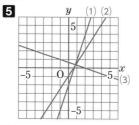

6 (1) $y=x-3$　(2) $y=-2x+1$

　　(3) $y=-\dfrac{2}{3}x+4$　(4) $y=\dfrac{2}{3}x+2$

7 エ

8 (1) 8　(2) $-6\leqq x\leqq 12$

9 $a=3,\ b=1$

解き方

1 オはすべての関数に共通な性質である。

2 (1) $y=ax+b$ の形にしたとき，a の値が負であるものを選ぶ。

(2) $y=ax+b$ の形にしたとき，$a=\dfrac{1}{2}$ であるものを選ぶ。

3 1 次関数では変化の割合が一定であるから，

$\dfrac{1-0}{4-6}=\dfrac{p-1}{0-4}$ より，$-\dfrac{1}{2}=-\dfrac{p-1}{4}$

$p-1=2$　$p=3$

4 (1) 使用量を $x\,\mathrm{m^3}$ とすると，

$1200+240(x-10)=3120$ より，$x=18$

(2) $y=1200+240(x-10)$ より，$y=240x-1200$

5 (3) 切片が整数でないので，x 座標，y 座標が共に整数になる点を見つける。

$x=2$ のとき $y=0$，$x=-1$ のとき $y=1$ だから，2 点 $(2,\ 0)$，$(-1,\ 1)$ を通る直線をかく。

6 (1) 傾き 1，切片 -3 だから，$y=x-3$

(2) 傾き -2，切片 1 だから，$y=-2x+1$

(3) 傾き $-\dfrac{2}{3}$，切片 4 だから，$y=-\dfrac{2}{3}x+4$

(4) 傾き $\dfrac{2}{3}$，切片 2 だから，$y=\dfrac{2}{3}x+2$

7 $a+b<0$，$ab>0$ より，a も b も負の数であることから，傾きと切片が負であるものを選ぶ。

8 (1) $y=-\dfrac{2}{3}\times(-3)+6=8$

(2) $y=-2$ を代入して，$-2=-\dfrac{2}{3}x+6$　$x=12$

$y=10$ を代入して，$10=-\dfrac{2}{3}x+6$　$x=-6$

よって，x の変域は，$-6\leqq x\leqq 12$

⚠ **ここに注意**

1次関数における x の変域と y の変域
・傾きが正のとき　　　・傾きが負のとき

9 変化の割合が負なので，$x=1$ のとき $y=b$，
$x=a$ のとき $y=-3$ になる。
よって，$y=-2x+3$ に $x=1$，$y=b$ を代入して，
$b=-2+3=1$
$y=-2x+3$ に $x=a$，$y=-3$ を代入して，
$-3=-2a+3$　$a=3$

8　1次関数の式とグラフ ②

Step 1 解答	p.52 ～ p.53

1 (1) $y=-2x+3$　(2) $y=3x-1$

(3) $y=-2x+5$　(4) $y=\dfrac{3}{4}x+4$

2 (1) $y=-x+2$　(2) $y=5x-6$

(3) $y=-x+5$　(4) $y=2x+5$

3
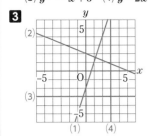

4 (1) $x=-2$，$y=-2$　(2) $x=-3$，$y=1$
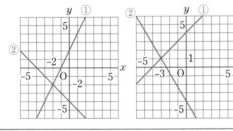

解き方

1 (2) 傾きが3だから，求める式を $y=3x+b$ とする。
グラフが点 (1, 2) を通ることから，$y=3x+b$ に
$x=1$，$y=2$ を代入して，
$2=3+b$　$b=-1$
よって，$y=3x-1$

(3) 変化の割合は $\dfrac{-1-3}{3-1}=-2$ だから，求める式を
$y=-2x+b$ とする。$x=1$ のとき $y=3$ だから，
$3=-2+b$　$b=5$
よって，$y=-2x+5$
別解　求める式を $y=ax+b$ とする。$x=1$，
$y=3$ を代入して，$3=a+b$ ……①
$x=3$，$y=-1$ を代入して，
$-1=3a+b$ ……②
①－② より，$4=-2a$　$a=-2$
これを①に代入して，$3=-2+b$　$b=5$
よって，$y=-2x+5$

(4) 変化の割合が $\dfrac{3}{4}$ だから，求める式を $y=\dfrac{3}{4}x+b$
とする。$x=-4$ のとき $y=1$ だから，
$1=-3+b$　$b=4$
よって，$y=\dfrac{3}{4}x+4$

2 (2) 傾きが5だから，求める式を $y=5x+b$ とする。
点 (1, −1) を通ることから，$x=1$，$y=-1$ を
代入して，$-1=5+b$　$b=-6$
よって，$y=5x-6$

(3) 傾きは $\dfrac{0-4}{5-1}=-1$ だから，求める式を
$y=-x+b$ とする。点 (1, 4) を通ることから，
$x=1$，$y=4$ を代入して，$4=-1+b$　$b=5$
よって，$y=-x+5$
別解　求める式を $y=ax+b$ とする。
点 (1, 4) を通ることから，$4=a+b$ ……①
点 (5, 0) を通ることから，$0=5a+b$ ……②
①－② より，$4=-4a$　$a=-1$
これを①に代入して，$4=-1+b$　$b=5$
よって，$y=-x+5$

(4) 直線 $y=2x-4$ に平行な直線は傾きが2だから，
求める式を $y=2x+b$ とする。点 (−1, 3) を通
ることから，$3=-2+b$　$b=5$
よって，$y=2x+5$

3 (1) 式を y について解く。
$3x-y=2$　$y=3x-2$

(2) $2x+5y-10=0$　$y=-\dfrac{2}{5}x+2$

(3) $2y+6=0$　$y=-3$（x 軸に平行な直線）

(4) $-x+3=0$　$x=3$（y 軸に平行な直線）

4 2直線の交点の座標 (x, y) が連立方程式の解となる。

> 🚨 **ここに注意**
>
> 2直線の交点を求めるときは，2直線の式を連立方程式として解けばよい。

Step 2 解答　　　　　　　　　p.54～p.55

1 (1) $y=-3x+2$　(2) $y=2x+1$　(3) $y=-2x+4$

(4) $y=-\dfrac{2}{5}x+6$　(5) $y=-3x+18$

(6) $a=-1$，$b=-1$　(7) $a=-2$

2 (1) $y=-3$　(2) $x=4$

3 (1) $\left(\dfrac{1}{7},\ \dfrac{4}{7}\right)$　(2) $\left(\dfrac{7}{2},\ 3\right)$

4 (1)

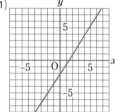

(2) $(2,\ 1)$

5 (1) $y=2x-1$　(2) $\left(\dfrac{5}{3},\ \dfrac{7}{3}\right)$

6 (1) $a=-6$

（求め方）$3x+2y=-2$ ……①，

$x-2y=-6$ ……②，$2x-y=a$ ……③ とする。

①と②の連立方程式を解くと，$x=-2$，$y=2$ だから，①と②の交点の座標は，$(-2,\ 2)$

3直線が1点で交わるとき，直線③が①と②の交点を通るから，$x=-2$，$y=2$ を③に代入して，$-4-2=a$　$a=-6$

(2) ⑦ 3　④ -1　⑨ 2　④ 4

解き方

1 (1) 変化の割合が -3 だから，求める式を $y=-3x+b$ とする。$x=-1$，$y=5$ を代入して，$5=3+b$　$b=2$

　　よって，$y=-3x+2$

(2) 傾きが2だから，求める式を $y=2x+b$ とする。$x=1$，$y=3$ を代入して，$3=2+b$　$b=1$

よって，$y=2x+1$

(3) 直線の傾きは $\dfrac{6-(-2)}{-1-3}=-2$ だから，求める式を $y=-2x+b$ とする。$x=3$，$y=-2$ を代入して，$-2=-6+b$　$b=4$

よって，$y=-2x+4$

(4) 切片が6だから，求める式を $y=ax+6$ とする。$x=5$，$y=4$ を代入して，

$4=5a+6$　$a=-\dfrac{2}{5}$

よって，$y=-\dfrac{2}{5}x+6$

(5) $y=\dfrac{1}{2}x-3$ に $y=0$ を代入して，

$0=\dfrac{1}{2}x-3$　$x=6$

$y=\dfrac{1}{2}x-3$ と x 軸との交点の座標は $(6,\ 0)$ だから，求める直線も点 $(6,\ 0)$ を通る。傾きは -3 だから，求める式を $y=-3x+b$ とする。$x=6$，$y=0$ を代入して，$0=-18+b$　$b=18$

よって，$y=-3x+18$

(6) 変化の割合は $\dfrac{-3}{3}=-1$ だから，$a=-1$

$y=-x+b$ に，$x=2$，$y=-3$ を代入して，

$-3=-2+b$　$b=-1$

(7) $a<0$ だから，$x=-1$ のとき $y=5$ であり，$x=2$ のとき $y=-1$ である。

よって，$y=ax+3$ に $x=-1$，$y=5$ を代入して，

$5=-a+3$　$a=-2$

別解　$y=ax+3$ に $x=2$，$y=-1$ を代入して，

$-1=2a+3$　$a=-2$

2 x 軸に平行な直線は $y=k$，y 軸に平行な直線は $x=\ell$（k, ℓ は定数）となる。

3 上の式を①，下の式を②とする。

(1) ①×2＋② より，$7x=1$　$x=\dfrac{1}{7}$

これを①に代入して，$\dfrac{3}{7}+y=1$　$y=\dfrac{4}{7}$

よって，交点の座標は，$\left(\dfrac{1}{7},\ \dfrac{4}{7}\right)$

(2) ②を①に代入して，

$-2x+3(2x-4)=2$　$x=\dfrac{7}{2}$

これを②に代入して，$y=7-4=3$

よって，交点の座標は，$\left(\dfrac{7}{2},\ 3\right)$

4 (1) $3x-2y=4$ を y について解くと，$y=\dfrac{3}{2}x-2$

傾きが $\dfrac{3}{2}$，切片が -2 のグラフをかく。

(2) 傾き -2 で点 $(5,\ -5)$ を通る直線の式を $y=-2x+b$ とする。$x=5$，$y=-5$ を代入して，

$-5=-10+b$　$b=5$

よって，$y=-2x+5$ ……①

これと $y=\dfrac{3}{2}x-2$ ……② の交点を求めればよい。

①と②の右辺が等しいことから，

$-2x+5=\dfrac{3}{2}x-2$　$x=2$

これを①に代入して，$y=-4+5=1$

これより，交点の座標は，$(2,\ 1)$

別解 (1)でかいたグラフと同じ座標平面に「傾き -2 で点 $(5,\ -5)$ を通る直線」をかくと，その交点の座標は $(2,\ 1)$ であることがわかる。

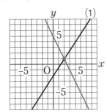

5 (1) 直線 m は傾きが $\dfrac{3-(-1)}{2-0}=2$，切片が -1 の直線だから，$y=2x-1$

(2) ℓ と m の式の右辺は等しいから，

$-x+4=2x-1$　$x=\dfrac{5}{3}$

これを直線 ℓ の式に代入して，$y=-\dfrac{5}{3}+4=\dfrac{7}{3}$

よって，交点の座標は，$\left(\dfrac{5}{3},\ \dfrac{7}{3}\right)$

6 (2) $x+2y=1$ ……①，$2x+3y=3$ ……② とする。

①と②の連立方程式を解くと，$x=3$，$y=-1$ だから，①と②の交点の座標は，$(3,\ -1)$

次に，$x+2y=1$ より，$y=-\dfrac{1}{2}x+\dfrac{1}{2}$ だから，

これと平行な直線の式を $y=-\dfrac{1}{2}x+b$ とする。

点 $(2,\ 1)$ を通ることから，$x=2$，$y=1$ を代入して，$1=-1+b$　$b=2$

これより，$y=-\dfrac{1}{2}x+2$　$x+2y=4$

別解 直線 $x+2y=1$ と平行な直線の式は $x+2y=k$ とすることができる。これに $x=2$，

$y=1$ を代入して，$2+2=k$　$k=4$
よって，$x+2y=4$

9　1次関数のグラフと図形

1 (1) $\ell\cdots y=\dfrac{1}{2}x-1$，$m\cdots y=-x+3$

(2) $\left(\dfrac{8}{3},\ \dfrac{1}{3}\right)$　(3) $\dfrac{16}{3}$

2 (1) $(0,\ 8)$　(2) 48

3 (1) $(3,\ 6)$　(2) $y=\dfrac{2}{5}x+\dfrac{6}{5}$

4 (1) 9　(2) $(3a+1,\ 2a+1)$

解き方

1 (2) $y=\dfrac{1}{2}x-1$ ……①，$y=-x+3$ ……② とすると，

①と②の右辺が等しいことから，

$\dfrac{1}{2}x-1=-x+3$　$x=\dfrac{8}{3}$

これを①に代入して，$y=\dfrac{4}{3}-1=\dfrac{1}{3}$

よって，交点 P の座標は，$\left(\dfrac{8}{3},\ \dfrac{1}{3}\right)$

(3) y 軸上にある辺（長さ 4）を底辺と考えると，高さは P の x 座標の $\dfrac{8}{3}$ だから，求める三角形の面積は，$\dfrac{1}{2}\times4\times\dfrac{8}{3}=\dfrac{16}{3}$

2 (1) $A(-4,\ 4)$ と $B(8,\ 16)$ を通る直線の式を求めると $y=x+8$ だから，点 C の座標は，$(0,\ 8)$

(2) △OAB を △OAC と △OBC に分けて求める。

△OAC は，OC（長さ 8）を底辺とすると，高さは点 A の x 座標の絶対値 4 になるので，

$△OAC=\dfrac{1}{2}\times8\times4=16$

同様に考えると，$△OBC=\dfrac{1}{2}\times8\times8=32$

よって，$△OAB=16+32=48$

3 (1) $y=x+3$ と $y=-2x+12$ の連立方程式を解くと，$x=3$，$y=6$ だから，$A(3,\ 6)$

(2) $y=x+3$ に $y=0$ を代入すると，$x=-3$ だから，$B(-3,\ 0)$

$y=-2x+12$ に $y=0$ を代入すると，$x=6$ だか

25

ら，C(6, 0)

A(3, 6) と C(6, 0) の中点の座標は，

$$\left(\frac{3+6}{2},\ \frac{6+0}{2}\right)=\left(\frac{9}{2},\ 3\right)$$

B(-3, 0) と $\left(\frac{9}{2},\ 3\right)$ を通る直線の式を求めると，

$$y=\frac{2}{5}x+\frac{6}{5}$$

4 (1) 点 A の x 座標が 1 のとき点 B の x 座標も 1 である。$y=2x+1$ に $x=1$ を代入して，$y=3$
よって，B(1, 3)
AB＝AD＝3 だから，正方形 ABCD の面積は，
$3\times3=9$

(2) 点 A の x 座標が a のとき，点 B の座標は，
$(a,\ 2a+1)$
AB＝AD＝$2a+1$ だから，点 D の x 座標は，
OA＋AD＝$a+(2a+1)=3a+1$
点 C の x 座標は点 D と等しく，点 C の y 座標は点 B と等しいから，点 C の座標は，
$(3a+1,\ 2a+1)$

Step 2　解答　　　　　p.58 〜 p.59

1 (1) A(4, 3)，$a=\frac{3}{2}$　(2) 1：3　(3) $y=x-1$

2 (1) $-\frac{4}{3}$　(2) $S=6t-18$ $(3<t\leqq9)$

3 (1) $\frac{3}{2}$　(2) (7, 1)

4 (1) $b=8$　(2) $\left(\frac{3}{2},\ 3\right)$　(3) $a=-\frac{1}{3}$

5 (1) $y=4x$　(2) $y=4x-16$　(3)① (4, 0)　② 4

解き方

1 (1) 直線① を $y=\frac{1}{2}x+1$，直線② を $y=ax-3$ と変形すると，切片はそれぞれ 1，-3 とわかる。
B(0, 1)，C(0, -3) だから，BC＝4
△ABC の面積＝$\frac{1}{2}\times$BC×(点 A の x 座標) だから，$8=\frac{1}{2}\times4\times$(点 A の x 座標)
これより，点 A の x 座標は 4 とわかる。これを直線① の式に代入すると，y 座標は，
$y=\frac{1}{2}\times4+1=3$　よって，A(4, 3)
$y=ax-3$ に $x=4$，$y=3$ を代入して，$a=\frac{3}{2}$

---

(2) △ABO：△ACO
　　＝OB：OC＝1：3

(3) P が BC の中点であればよいので，点 P の座標は，
$$\left(0,\ \frac{1+(-3)}{2}\right)=(0,\ -1)$$
これと，A(4, 3) を通る直線の式を求めると，
$$y=x-1$$

2 (1) $\frac{0-8}{9-3}=-\frac{4}{3}$

(2) 直線 ℓ の式を求めると，$y=-\frac{4}{3}x+12$
P は直線 ℓ 上の点だから，x 座標を t とすると，y 座標は $-\frac{4}{3}t+12$ となる。

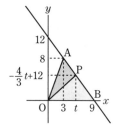

これより，$S=$△OAP＝△OAB－△OPB
$$=\frac{1}{2}\times9\times8-\frac{1}{2}\times9\times\left(-\frac{4}{3}t+12\right)$$
$$=36+6t-54=6t-18$$

3 (1) $\frac{6-3}{2-0}=\frac{3}{2}$

(2) Q は直線 $y=-x+3$ 上の点で，x 座標が 2 だから，y 座標は $-2+3=1$　よって，Q(2, 1)
すると，線分 PQ の長さは $6-1=5$ だから，線分 QR の長さも 5 となり，点 R は点 Q を x 軸方向に 5 だけ平行移動させた点とわかる。
よって，Q(2, 1)より，R(7, 1)

4 (1) $y=2x$ に $x=4$，$y=b$ を代入して，$b=8$

(2) $y=2x$ と $y=-2x+6$ の連立方程式を解くと，$x=\frac{3}{2}$，$y=3$ だから，交点 A の座標は，$\left(\frac{3}{2},\ 3\right)$

(3) D(2, 0) のとき，B の x 座標も 2 であり，y 座標は $y=2\times2=4$　よって，B(2, 4)
四角形 BDEC が正方形だから，BC＝BD＝4 となり，点 C は点 B を x 軸方向に 4 だけ平行移動させた点とわかる。よって，C(6, 4)
C は直線 $y=ax+6$ 上の点だから，$x=6$，$y=4$ を代入して，$4=6a+6$ より，$a=-\frac{1}{3}$

5 (1) 原点 O と A(1, 4) を通るので，$y=4x$

(2) $y=4x$ と平行だから，傾きは 4 である。

傾きが 4 で D(5, 4) を通る直線の式を求めると，

$y=4x-16$

(3) ① △OAD は AD を底辺とすると，底辺の長さが
5−1=4，高さが 4 の三角形である。△OAP は
底辺を OP とすると高さが 4 だから，
OP=4 であれば，△OAD の面積と等しくなる。
よって，P(4, 0)

別解 (2)で求めた直線と x 軸との交点を P と
すれば，OA∥PD，AD∥OP より四角形 OPDA
は平行四辺形である。△OAP，△OAD はともに
平行四辺形の $\frac{1}{2}$ となり面積が等しい。

よって，$y=4x-16$ に $y=0$ を代入して，$x=4$
これより，点 P の座標は (4, 0) とわかる。

② 点 E の y 座標は 2 だから，
△OAE＝△OAP−△OEP
$=\frac{1}{2}\times4\times4-\frac{1}{2}\times4\times2$
$=8-4=4$

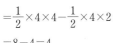

10 1次関数の利用

1 (1) $y=\frac{1}{15}x+8$, グラフは下の図 (2) 8 cm

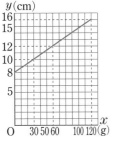

2 (1) ① $y=6x$ ② $y=18$ ③ $y=-6x+54$

(2)
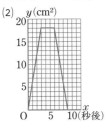

3 (1) 毎分 200 m，$y=-200x+8000$

(2) 毎分 50 m

---

1 (1) 2 点 (30, 10)，(60, 12) を通る直線の式を求める
と，$y=\frac{1}{15}x+8$

グラフは，この直線を $0\leqq x\leqq120$ の範囲でかく。

(2) (1)の式で，$x=0$ のとき $y=8$
よって，ばねの長さは 8 cm である。
（または，グラフから読み取ってもよい。）

2 (1) △APD の底辺を AD として考える。

① $0\leqq x\leqq3$ のとき
右の図のように，
底辺 6 cm，高さ $2x$ cm
だから，
$y=\frac{1}{2}\times6\times2x=6x$

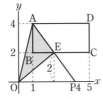

② $3\leqq x\leqq6$ のとき
右の図のように，
底辺 6 cm，高さは x の値
に関わらず 6 cm だから，
$y=\frac{1}{2}\times6\times6=18$

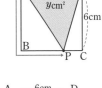

③ $6\leqq x\leqq9$ のとき
右の図のように，
底辺 6 cm，高さは
DP=$(18-2x)$ cm だ
から，
$y=\frac{1}{2}\times6\times(18-2x)$
$=-6x+54$

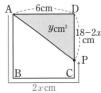

(2) それぞれの変域に分けて，グラフをかく。

3 (1) 25 分から 40 分までの 15 分間に 3000 m 進んだ
から，速さは毎分 3000÷15=200 (m)
2 点 (25, 3000) と (40, 0) を通る直線の式を求め
ると，$y=-200x+8000$

別解 速さが毎分 200 m で右下がりのグラフだ
から，傾きが−200で，(25, 3000) または (40, 0) を
通る直線の式を求めてもよい。

🔔 **ここに注意**

x 軸が時間，y 軸が道のりを表しているグラフ
では，傾きは速さを表している。

(2) $y=-200x+8000$ に $x=32$ を代入して，$y=1600$
これより，おじいさんは 7 時 32 分に家から
1600 m の地点にいたことがわかるので，おじい
さんの速さは，毎分 1600÷32=50 (m)

1 (1) $y=560$　　(2) **4 分後**　　(3) 図3

2 (1) $y=x$　　(2) $y=3x-12$

(3)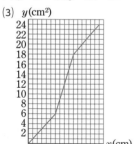

3 (1)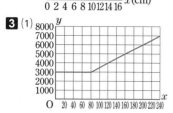

(2) **50 分から 200 分まで**

4 (1) **4.8 cm**

(2)① $y=\dfrac{1}{2}x+7,\ 10\leqq x\leqq 26$

②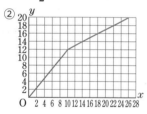

解き方

1 (1) 兄が x 分間に進む道のりは $280x$ m だから，

$y=280x$

これに $x=2$ を代入して，$y=560$

(2) 兄が出発してから x 分後，弟は $(x+10)$ 分間進んでいるから，弟の進んだ道のりは，

$80(x+10)$m

兄が弟に追いついたとき，2 人の進んだ道のりが等しいから，$280x=80(x+10)$ より，$x=4$

(3) 兄は弟に追いついたあと，速さが遅くなるので，途中でグラフの傾きが小さくなるものを選ぶ。

2 (1) $0\leqq x\leqq 6$ のとき，（図①）

図①より，

$y=\dfrac{1}{2}\times 2\times x=x$

(2) $6\leqq x\leqq 10$ のとき，

図②2 より，y は

台形 ABPE の面

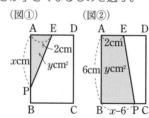

積で，$BP=x-6$ (cm) だから，

$y=\{2+(x-6)\}\times 6\times\dfrac{1}{2}=3(x-4)=3x-12$

(3) 点 P が辺 CD 上を動くとき，（図③）

図③より，

$y=$ 長方形 ABCD $-\triangle$EDP

$AB+BC+CP=x$ より，

$DP=(6+4+6)-x=16-x$ (cm)

よって，

$y=6\times 4-\dfrac{1}{2}\times 2\times(16-x)$

$=x+8$ （$10\leqq x\leqq 16$）

それぞれの変域に分けて，グラフをかく。

3 (1) B プランでは，$0\leqq x\leqq 80$ のとき，$y=3000$

$x>80$ のとき，$y=3000+25(x-80)=25x+1000$

これらをグラフにかけばよい。

(2) A プランでは，x の変域に関係なく

$y=2000+20x=20x+2000$ である。これを(1)のグラフと重ねてかくと下の図のようになる。

$y=20x+2000$ と $y=3000$ の交点の x 座標は 50，

$y=20x+2000$ と $y=25x+1000$ の交点の x 座標は 200 だから，B プランの使用料が A プランの使用料以下になるのは，50 分から 200 分までとわかる。

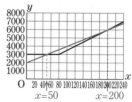

4 (1) $x=10$ のとき $y=12$ だから，$0\leqq x\leqq 10$ におけるグラフの式は，$y=1.2x$

これに $x=4$ を代入して，$y=4.8$

(2)① 水面の高さが 12 cm から 20 cm になるのにかかる時間は，$30\times 40\times(20-12)\div 600=16$ （分）

よって，$x=10$ のとき $y=12$，$x=10+16=26$ のとき $y=20$ を通る直線の式を求めると，

$y=\dfrac{1}{2}x+7$

このときの x の変域は，$10\leqq x\leqq 26$ である。

1 (1) $-\dfrac{21}{2}$　(2)① 5　② -1

2 (1) $(4,\ 8)$　(2) $a=\dfrac{12}{7}$

3 (1)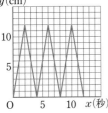

(2) $(9-3x)$ cm　(3) 6 回

4 (1) $y=\dfrac{1}{2}x+2$　(2) $k=\dfrac{22}{3},\ -\dfrac{10}{3}$

5 (1) $a=\dfrac{2}{5},\ b=10$　(2) $y=-x+7$

(3) $\dfrac{175}{3}\pi$　(4) $\dfrac{7}{4}$

解き方

1 (1) 2 点 $(-6,\ -2)$，$(3,\ 4)$ を通る直線の式を求める

と，$y=\dfrac{2}{3}x+2$

点 $(a,\ -5)$ もこの直線上にあるから，

$-5=\dfrac{2}{3}a+2$ より，$a=-\dfrac{21}{2}$

別解　$A(-6,\ -2)$，$B(3,\ 4)$，$C(a,\ -5)$ とすると，A，B，C が一直線上にあるとき，AB の傾きと BC の傾きが等しいことから，

$\dfrac{4-(-2)}{3-(-6)}=\dfrac{-5-4}{a-3}$ が成り立つ。これより，

$\dfrac{2}{3}=\dfrac{-9}{a-3}$　$2(a-3)=-27$　$a=-\dfrac{21}{2}$

(2) 1 次関数を $y=-2x+b$，x の変域を $a\leqq x\leqq 2$，y の変域を $1\leqq y\leqq 7$ とする。

変化の割合が負だから，$x=a$ のとき $y=7$，$x=2$ のとき $y=1$ となるので，

$7=-2a+b$ ……⑦，$1=-4+b$ ……①

が成り立つ。①より，$b=5$

これを⑦に代入して，

$7=-2a+5$　$a=-1$

2 (1) $y=2x$ と $y=-x+12$ の連立方程式を解くと，

$x=4$，$y=8$ だから，交点 A の座標は，$(4,\ 8)$

(2) C は直線 $y=2x$ 上の点だから，x 座標が a のとき，y 座標は $2a$ である。

また，F は直線 $y=-x+12$ 上の点で，y 座標

は点 C と等しいから $2a$，x 座標は $2a=-x+12$
より，$x=12-2a$ と表すことができる。ここで，

CD＝（点 C の y 座標）－（点 D の y 座標）

$\quad =2a-0=2a$

CF＝（点 F の x 座標）－（点 C の x 座標）

$\quad =(12-2a)-a=12-3a$

なので，CD：CF＝1：2 より，

$12-3a=2\times 2a$　$a=\dfrac{12}{7}$

3 (1) 点 P は 2 秒で D に到達し，それから 2 秒で A に戻る。これを 3 回くり返す。

(2) CQ＝$3x$ cm だから，BQ＝$(9-3x)$ cm

(3) PQ の長さが最も短くなるのは PQ⊥AD のときで，このとき，AP＝BQ となる。そこで，(1)でかいたグラフに BQ の長さを表すグラフを重ねてかき 2 つのグラフが交わる回数を調べると，図のように 6 回あることがわかる。

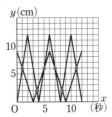

4 (1) 2 点 $A(-2,\ 1)$，$B(4,\ 4)$ を通る直線の式を求めると，$y=\dfrac{1}{2}x+2$

(2) 直線 AB と y 軸との交点を $C(0,\ 2)$ とする。

△ABP＝△ACP＋△BCP

$\quad =\dfrac{1}{2}\times CP\times 2+\dfrac{1}{2}\times CP\times 4$

$\quad =CP\times 3$

となるが，図のように点 P は点 C より上側にある場合と下側にある場合が考えられる。上側にある場合，CP＝$k-2$ だから，

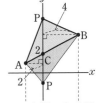

$3(k-2)=16$　$k=\dfrac{22}{3}$

下側にある場合，CP＝$2-k$ だから，

$3(2-k)=16$　$k=-\dfrac{10}{3}$

5 (1) $y=ax$ に $x=5$，$y=2$ を代入して，$a=\dfrac{2}{5}$

$y=\dfrac{b}{x}$ に $x=5$，$y=2$ を代入して，$b=10$

(2) 切片が 7 で，$(5,\ 2)$ を通る直線の式を求めると，

$y=-x+7$

(3) A から y 軸に垂線 AH をひくと，H(0, 2) で，AH＝5 である。よって，1 回転させてできる立体は，底面の半径が 5，高さが 5 の円すいと，底面の半径が 5，高さが 2 の円すいを上下にくっつけた形の立体になるので，体積は

$$\frac{1}{3} \times \pi \times 5^2 \times 5 + \frac{1}{3} \times \pi \times 5^2 \times 2 = \frac{175}{3}\pi$$

(4) △OAC の面積は，

$$\frac{1}{2} \times 7 \times 5 = \frac{35}{2} \quad \cdots\cdots①$$

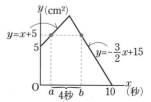

平行四辺形 APBQ の面積は，△APQ×2

$$= \frac{1}{2} \times PQ \times 5 \times 2$$

$$= PQ \times 5 \quad \cdots\cdots②$$

①＝② より，$PQ = \frac{7}{2}$

よって，$OP = \frac{1}{2}PQ = \frac{7}{4}$

別解　図の △OAP の面積は平行四辺形 APBQ の面積の $\frac{1}{4}$ だから，△OAC の面積が △OAP の面積の 4 倍になるようにすればよい。よって，OP：OC＝1：4 より，P の y 座標は $\frac{7}{4}$

Step 3 ② 解答	p.66 ～ p.67

1 (1) 分速 80 m　(2) 2272 m

2 (1) 6 cm　(2) $y = -\frac{3}{2}x + 15$

　(3) $a = \frac{8}{5}$,　$b = \frac{28}{5}$

3 (1) $y = \frac{2}{3}x + 4$　(2) $\left(\frac{3}{2},\ 5\right)$

　(3) $\left(\frac{8}{3},\ 0\right)$,　$\left(\frac{1}{2},\ \frac{13}{3}\right)$

4 (1) $-\frac{5}{4}a + 5$　(2) 2

解き方

1 (1) グラフより，たくや君は 50 分で 4000 m 歩いたことが読みとれるから，
分速 4000÷50＝80 (m)

(2) たくや君のグラフの式は，$y = 80x$ ……①
さくらさんは分速 220 m で進んだので，16 分以降のグラフの傾きは −220 である。また，グラフは点 (16, 5000) を通るので，式を求めると，
$y = -220x + 8520$ ……②

---

①，②の式の連立方程式を解くと，
$x = 28.4$，$y = 2272$
よって，家から 2272 m のところですれちがう。

2 (1) グラフより，点 P は BC 間を 10−4＝6 (秒) で進んだことがわかるので，BC＝1×6＝6 (cm)

(2) 2 点 (4, 9)，(10, 0) を通る直線の式を求めると，
$$y = -\frac{3}{2}x + 15$$

(3) a, b の値が，次のグラフに示したような場合を考える。

$x = a$ のときの y の値は $a + 5$，$x = b$ のときの y の値は $-\frac{3}{2}b + 15$ で，これらが等しくなるとき，

$a + 5 = -\frac{3}{2}b + 15$ より，$2a + 3b = 20$

この式と $b = a + 4$ の連立方程式を解くと，

$a = \frac{8}{5}$，$b = \frac{28}{5}$

3 (1) 傾きが $\frac{2}{3}$ で，$\left(-\frac{3}{2},\ 3\right)$ を通る直線 m の式を求めると，$y = \frac{2}{3}x + 4$

(2) 2 点 (4, 0)，(0, 8) を通る直線 ℓ の式を求めると，
$y = -2x + 8$

$y = \frac{2}{3}x + 4$ と $y = -2x + 8$ の連立方程式の解は

$x = \frac{3}{2}$，$y = 5$ だから，交点 C の座標は，$\left(\frac{3}{2},\ 5\right)$

(3) 直線 m と x 軸との交点を D(−6, 0) とする。
四角形 OACB＝△DAC−△DOB

$$= \frac{1}{2} \times 10 \times 5 - \frac{1}{2} \times 6 \times 3 = 25 - 9 = 16$$

よって，△OPB の面積が $16 \times \frac{1}{4} = 4$ になればよい。△OPB の面積が 4 になるのは，点 P が辺 OA 上にあるときと辺 CB 上にあるときである。

点 P が辺 OA 上にあるとき，$\frac{1}{2} \times OP \times 3 = 4$ より，$OP = \frac{8}{3}$　よって，$P\left(\frac{8}{3},\ 0\right)$

点 P が辺 CB 上にあるとき，直線 m と y 軸との交点を E とすると，E(0, 4) だから，

$\triangle \text{OPB} = \triangle \text{OEB} + \triangle \text{OEP}$

$= \dfrac{1}{2} \times 4 \times \dfrac{3}{2} + \dfrac{1}{2} \times 4 \times (\text{点 P の } x \text{ 座標}) = 4$ より,

$(\text{点 P の } x \text{ 座標}) = \dfrac{1}{2}$

このとき, 点 P の y 座標は, $\dfrac{2}{3} \times \dfrac{1}{2} + 4 = \dfrac{13}{3}$

よって, $\text{P}\left(\dfrac{1}{2}, \ \dfrac{13}{3}\right)$

🚨 ここに注意

$\triangle \text{OAB} = \dfrac{1}{2} \times 4 \times 3 = 6$ で, 直線 OB と直線 ℓ の
傾きは等しいので, OB∥ℓ である。
よって, $\triangle \text{OPB}$ の OB を底辺とすると, 辺
AC 上に点 P があるときの高さは変わらないの
で, 辺 AC 上に点 P があるときの $\triangle \text{OBP}$ の面
積は 6 になる。

4 (1) まず, 直線の式を求める。

直線 AB は切片が -2 で点 A$(-4, 6)$ を通るから,
$y = -2x - 2$

直線 BC は傾きが $\dfrac{1}{2}$, 切片が -2 だから,

$y = \dfrac{1}{2}x - 2$

直線 AC は 2 点 A$(-4, 6)$, C$(4, 0)$ を通るから,

$y = -\dfrac{3}{4}x + 3$

よって, 点 P は直線 BC 上の点だから, y 座標
は $\dfrac{1}{2}a - 2$

点 Q は直線 AC 上の点で, x 座標が点 P と等し
く a だから, y 座標は $-\dfrac{3}{4}a + 3$

したがって, PQ = (Q の y 座標) − (P の y 座標)

$= -\dfrac{3}{4}a + 3 - \left(\dfrac{1}{2}a - 2\right) = -\dfrac{5}{4}a + 5$

(2) 点 R は直線 AB 上の点で, y 座標が点 P と等し
く $\dfrac{1}{2}a - 2$ だから, x 座標は,

$\dfrac{1}{2}a - 2 = -2x - 2$ より, $x = -\dfrac{1}{4}a$

よって, PR = (P の x 座標) − (R の x 座標)

$= a - \left(-\dfrac{1}{4}a\right) = \dfrac{5}{4}a$

PQ = PR となればよいので,

$-\dfrac{5}{4}a + 5 = \dfrac{5}{4}a \quad a = 2$

---

11 平行線と図形の角 ①

Step 1　解答　　　　　　　　　p.68〜p.69

1 (1) $\angle d$ 　(2) $\angle b$

2 (1) $\angle x = 42°$, $\angle y = 138°$
(2) $\angle x = 50°$, $\angle y = 87°$
(3) $\angle x = 48°$, $\angle y = 84°$
(4) $\angle x = 26°$, $\angle y = 61°$

3 $\angle d$ の同位角…$\angle h$, $\angle c$ の錯角(さっかく)…$\angle e$

4 (1) $55°$ 　(2) $125°$ 　(3) $\angle c$, $\angle d$, $\angle f$
(4) $180°$

5 (1) $54°$ 　(2) $50°$

6 (1) $50°$ 　(2) 平行

7 ア

解き方

1 (1) 交わる 2 直線があるとき, 交点をはさんで向か
いあった 1 組の角を対頂角という。
(2) $\angle e$ と $\angle b$ は対頂角の関係にあり, 等しい。

2 (1) $\angle x$ は $42°$ の対頂角だから, $\angle x = 42°$
一直線の角は $180°$ だから,
$\angle y = 180° - 42° = 138°$
(2) $\angle x$ は $50°$ の対頂角だから, $\angle x = 50°$
一直線の角は $180°$ だから,
$\angle y = 180° - (50° + 43°) = 87°$
(3) $\angle x$ は $48°$ の対頂角だから, $\angle x = 48°$
一直線の角は $180°$ だから,
$\angle y = 180° - (48° + 48°) = 84°$
(4) $\angle x$ は $26°$ の対頂角だから, $\angle x = 26°$
$\angle y$ の対頂角は, $180° - (26° + 44° + 49°) = 61°$
だから, $\angle y = 61°$

4 (1) $55°$ の対頂角だから, $\angle b = 55°$
(2) $\angle c = 180° - 55° = 125°$ であり, $\angle f$ は $\angle c$ の同位
角だから, $\angle f = 125°$
(3) $\angle a$ と等しいのは, 対頂角の $\angle c$, 同位角の $\angle d$
と, $\angle d$ の対頂角である $\angle f$ である。
(4) $\angle c + \angle b = 180°$ で, $\angle b = \angle g$ だから,
$\angle c + \angle g = 180°$

5 (1) $\angle x$ は $54°$ の同位角だから, $\angle x = 54°$
(2) $\angle x = 180° - 130° = 50°$

6 (1) $\ell \parallel m$ で, $\angle x$ は $50°$ の錯角だから,
$\angle x = 50°$
(2) 同位角が $50°$ で等しいので, m と n は平行である。

7 **ア** $180°-132°=48°$ より，錯角が等しいから，ℓ と m は平行である。

イ $180°-123°=57°$ より，同位角が等しくないから，ℓ と m は平行ではない。

12 平行線と図形の角 ②

Step 1 解答　　　　　　　　p.70 ～ p.71

1 (1) $45°$　(2) $100°$　(3) $45°$

2 (1) $60°$　(2) $75°$　(3) $68°$

3 (1) 鋭角三角形　(2) 鈍角三角形

　(3) 直角三角形　(4) 鋭角三角形

4 (1) 内角の和…$900°$，外角の和…$360°$

　(2) ① $1080°$　② $135°$　③ $45°$

　(3) $n=20$　(4) $n=10$

5 (1) 3　(2) 4　(3) 9

解き方

1 (1) $\angle x=180°-(89°+46°)=45°$

(2) $\angle x=65°+35°=100°$

(3) $25°+\angle x=70°$ より，$\angle x=70°-25°=45°$

2 (1) 四角形の内角の和は $360°$ だから，

　$\angle x=360°-(80°+120°+100°)=360°-300°=60°$

(2) 五角形の内角の和は，

　$180°\times(5-2)=540°$ だから，

　$\angle x=540°-(135°+105°+85°+140°)$

　$=540°-465°=75°$

🚨 ここに注意

右の図のように，五角形は $(5-2)$ 個の三角形に分けることができるから，内角の和は，$180°\times(5-2)=540°$

(3) 四角形の内角の和は $360°$ だから，$\angle x$ ととなり合う内角は，$360°-(50°+108°+90°)=112°$

　よって，$\angle x=180°-112°=68°$

3 それぞれ，もう 1 つの角の大きさを計算すると，

(1) $50°$，$60°$，$70°$ → 鋭角三角形

(2) $25°$，$30°$，$125°$ → 鈍角三角形

(3) $15°$，$90°$，$75°$ → 直角三角形

(4) $45°$，$80°$，$55°$ → 鋭角三角形

4 (1) 七角形の内角の和は，$180°\times(7-2)=900°$

　また，外角の和は何角形であっても $360°$ である。

(2) ① 正八角形の内角の和は，

　$180°\times(8-2)=1080°$

　② $1080°\div8=135°$

　③ 外角の和は $360°$ で，8 つの外角は同じ大きさだから，$360°\div8=45°$

　別解　②より，$180°-135°=45°$

(3) $18°\times n=360°$ より，$n=360°\div18=20$

(4) 1 つの内角の大きさが $144°$ だから，1 つの外角の大きさは $180°-144°=36°$

　よって，$n=360°\div36=10$

5 (1) 6 つの頂点のうち，その頂点自身と両どなりの頂点以外の $6-3=3$（つ）の頂点に対角線をひくことができる。

(3) (1)より，六角形の頂点は 6 つあるから，全部で $3\times6=18$（本）の対角線をひけることになるが，このとき，1 つの対角線を 2 回ずつひいたことになるので，実際の対角線の本数は，$18\div2=9$（本）

Step 2 解答　　　　　　　　p.72 ～ p.73

1 (1) $124°$　(2) $47°$　(3) $38°$　(4) $45°$　(5) $35°$　(6) $110°$

2 (1) $35°$　(2) $33°$　(3) $54°$　(4) $85°$　(5) $105°$　(6) $130°$

3 $25°$

4 $130°$

5 $117°$

6 244

7 $50°$

解き方

1 (1) $\angle x=54°+70°=124°$

(2) 図のように ℓ，m に平行な直線をひくと，平行線の錯角は等しいから，$\angle x+35°=82°$

　よって，$\angle x=82°-35°=47°$

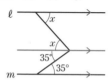

(3) 図で，$\angle a=180°-148°=32°$

　$\angle x+\angle a=\angle x+32°=70°$ より，

　$\angle x=70°-32°=38°$

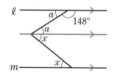

(4) 図で，∠a＝65°，∠b＝180°－160°＝20° だから，
∠x＝∠a－∠b＝65°－20°＝45°

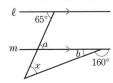

(5) 図で，∠a＝40° だから，
∠x＝75°－∠a＝75°－40°＝35°

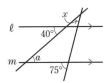

(6) 図で，∠a＝180°－130°＝50° だから，
∠x＝∠a＋60°＝50°＋60°＝110°

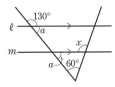

2 (1) ∠x＋70°＝105° より，∠x＝105°－70°＝35°

(2) 図で，∠a＝55°＋40°＝95° だから，
∠x＝128°－∠a＝128°－95°＝33°

(3) 図で，∠a＝116°－90°＝26°
∠x＝80°－∠a＝80°－26°＝54°

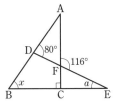

ここに注意

右の図において，
∠x＝∠a＋∠b＋∠c
が成り立つ。

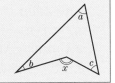

(4) 四角形の内角は，120°，55°，100°，∠x だから，
∠x＝360°－(120°＋55°＋100°)＝85°

(5) 外角の和は 360° だから，∠x の外角は，
360°－(80°＋75°＋70°＋60°)＝75°

よって，∠x＝180°－75°＝105°

(6) 五角形の内角は，95°，115°，110°，90°，∠x だ
から，∠x＝540°－(95°＋115°＋110°＋90°)＝130°

3 五角形の内角の和は 540° だか
ら，正五角形の1つの内角の大
きさは，540°÷5＝108°
よって，△CPD において，
∠x＝180°－(47°＋108°)＝25°

ここに注意

n 角形の内角の和は，180°×(n－2)
特に，四角形の内角の和……360°
　　　　五角形の内角の和……540°
　　　　六角形の内角の和……720°
は覚えておくとよい。

4 ○＝a°，●＝b° とする。△ABC において，
80°＋2(a°＋b°)＝180° より，a°＋b°＝50°
△PBC において，
∠BPC＝180°－(a°＋b°)＝180°－50°＝130°

5 ∠CDE＝a°，∠DCE＝b° とすると，
∠ADC＝3a°，∠BCD＝3b°
四角形 ABCD の内角の和は 360° だから，
71°＋100°＋3a°＋3b°＝360°
3a°＋3b°＝189°　a°＋b°＝63°
ここで，△ECD において，
∠CED＝180°－(a°＋b°)＝180°－63°＝117°

6 図のように ℓ，m と平行な2直線をひく。
図で，x＝a－35，y＝b－29
また，x＋y＝180 だから，
(a－35)＋(b－29)＝180　a＋b＝244

7 図のように，正三角形の右下の頂点を通って，長方
形の横の2辺に平行な直線をひく。正三角形の1つ
の角は60°で，平行線の同位角と錯角は等しいので，
∠x＋10°＝60°　∠x＝60°－10°＝50°

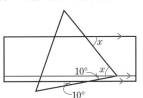

13 合同な図形

❶

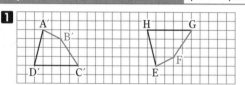

❷ △ABC≡△JLK

合同条件…1組の辺とその両端（りょうたん）の角がそれぞれ等しい

△DEF≡△QPR

合同条件…2組の辺とその間の角がそれぞれ等しい

△MNO≡△VXW

合同条件…3組の辺がそれぞれ等しい

❸ ウ

❹ (1) 3組の辺がそれぞれ等しい

(2) 2組の辺とその間の角がそれぞれ等しい

(3) 2組の辺とその間の角がそれぞれ等しい

(4) 1組の辺とその両端の角がそれぞれ等しい

❺ (1) △ABE

(2) 1組の辺とその両端の角がそれぞれ等しい

【解き方】

❷ △ABC と △JLK において，

AB＝JL，∠A＝∠J，∠B＝∠L

△DEF と △QPR において，

DE＝QP，EF＝PR，∠E＝∠P

△MNO と △VXW において，

MN＝VX，NO＝XW，OM＝WV

❸ ア，イは次のような場合があるので，合同ではない。

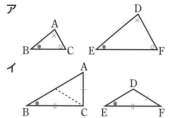

❹ (1) BD は共通した辺だから等しい。

(2) 対頂角は等しいから，∠AOC＝∠BOD

(3) BC は共通した辺だから等しい。

(4) 対頂角は等しいから，∠APD＝∠CPB

❺ 図のように，△ACD と △ABE において，

AD＝AE，∠CAD＝∠BAE，∠ADC＝∠AEB

1組の辺とその両端の角がそれぞれ等しいから合同であるといえる。

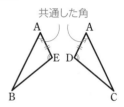

14 図形と証明

❶ (1) 仮定…△ABC≡△DEF

結論…∠B＝∠E

(2) 仮定…x は 4 の倍数

結論…x は偶数（ぐうすう）

(3) 仮定…a，b はともに 3 の倍数

結論…$a＋b$ は 3 の倍数

(4) 仮定…正方形

結論…4 つの角は等しい

❷ (1) 錯角（さっかく） (2) ODC (3) OCD

(4) 1 組の辺とその両端（りょうたん）の角

❸ (1) CAE (2) 180 (3) BAC (4) 180 (5) ACB

❹ (1) AC (2) AE (3) BAE (4) EAC

(5) 2 組の辺とその間の角

【解き方】

❶ (4) 「　p　ならば，　q　」の形で表すと，「正方形ならば，4 つの角は等しい。」となる。

❶ 三角形の内角∠A，∠B について，

BA∥CE より，平行線の錯角（さっかく）と同位角は等しいから，

∠A＝∠ACE ……①

∠B＝∠ECD ……②

①，②より，

∠A＋∠B＝∠ACE＋∠ECD＝∠ACD

よって，三角形の外角は，それととなり合わない 2 つの内角の和に等しい。

❷ ∠BAP＝∠DAP＝a°，∠ABP＝∠CBP＝b° とする。AD∥BC より，∠DAB＋∠CBA＝180°

これより，$2a$°＋$2b$°＝180°　a°＋b°＝90°

よって，
$\angle APB = 180° - (a° + b°) = 180° - 90° = 90°$

3 $\triangle ACG$ と $\triangle DCB$ において，
四角形 ACDE は正方形だから，$AC = DC$ ……①
四角形 CBFG は正方形だから，$CG = CB$ ……②
$\angle ACG = \angle DCB = 90°$ ……③
①，②，③より，2組の辺とその間の角がそれぞれ等しいから，$\triangle ACG \equiv \triangle DCB$

4 (1) $\triangle ABE$ と $\triangle BCF$ において，
仮定より，$BE = CF$ ……①
四角形 ABCD は正方形だから，
$AB = BC$ ……②
$\angle ABE = \angle BCF = 90°$ ……③
①，②，③より，2組の辺とその間の角がそれぞれ等しいから，$\triangle ABE \equiv \triangle BCF$

(2) $\triangle ABE \equiv \triangle BCF$ より，対応する角の大きさは等しいから，$\angle BAE = \angle CBF$
$\triangle ABG$ の内角と外角の関係より，
$\angle AGF = \angle BAE + \angle ABF = \angle CBF + \angle ABF$
$= \angle ABC = 90°$
したがって，$AE \perp BF$ である。

5 $\triangle ABD$ と $\triangle BCE$ において，
$\triangle ABC$ は正三角形だから，
$AB = BC$ ……①
$\angle ABD = \angle BCE = 60°$ ……②
$\angle EBC = 60° - \angle ABF$ ……③
$\angle DAB = \angle BFD - \angle ABF$
$\qquad = 60° - \angle ABF$ ……④
③，④より，$\angle DAB = \angle EBC$ ……⑤
①，②，⑤より，1組の辺とその両端の角がそれぞれ等しいから，$\triangle ABD \equiv \triangle BCE$

6 $\triangle AMD$ と $\triangle FMC$ において，
M は辺 CD の中点だから，$MD = MC$ ……①
対頂角は等しいから，$\angle AMD = \angle FMC$ ……②
$AD /\!/ BC$ より，平行線の錯角は等しいから，
$\angle ADM = \angle FCM$ ……③
①，②，③より，1組の辺とその両端の角がそれぞれ等しいから，$\triangle AMD \equiv \triangle FMC$
合同な図形の対応する辺の長さは等しいから，
$AM = FM$

7 $\triangle AGD$ と $\triangle CFE$ において，
仮定より，$AD = CE$ ……①
$AB /\!/ FC$ より，平行線の錯角は等しいから，
$\angle GAD = \angle FCE$ ……②

$GD /\!/ BF$ より，平行線の同位角は等しいから，
$\angle ADG = \angle AEB$ ……③
対頂角は等しいから，$\angle AEB = \angle CEF$ ……④
③，④より，$\angle ADG = \angle CEF$ ……⑤
①，②，⑤より，1組の辺とその両端の角がそれぞれ等しいから，$\triangle AGD \equiv \triangle CFE$

8 (1) 仮定…$OA = OB$，$AC = BC$
結論…$\angle AOC = \angle BOC$

(2) 点 A と点 C，点 B と点 C をそれぞれ結ぶ。
$\triangle AOC$ と $\triangle BOC$ において，
仮定より，$OA = OB$ ……①，$AC = BC$ ……②
共通した辺だから，$OC = OC$ ……③
①，②，③より，3組の辺がそれぞれ等しいから，$\triangle AOC \equiv \triangle BOC$
合同な図形の対応する角の大きさは等しいから，$\angle AOC = \angle BOC$
よって，半直線 OC は $\angle XOY$ の二等分線である。

Step 3 ① 解答　　　　　　　　　　p.80～p.81

1 (1) $156°$　(2) $n = 8$

2 (1) $62°$　(2) $60°$

3 $49°$

4 $124°$

（求め方）$\triangle JCE$ の内角と外角の関係より，
$\angle FJB = \angle JCE + \angle CEJ = 43° + 49° = 92°$
さらに，$\triangle BFJ$ の内角と外角の関係より，
$\angle JFD = \angle FJB + \angle JBF = 92° + 32° = 124°$
すなわち，$\angle AFD = 124°$

5 (1) $\triangle PBC$ と $\triangle QDC$ において，
$\triangle BDC$ は正三角形だから，$BC = DC$ ……①
$\triangle CPQ$ は正三角形だから，$PC = QC$ ……②
正三角形の1つの角は $60°$ だから，
$\angle PCB = 60° - \angle BCQ$ ……③
$\angle QCD = 60° - \angle BCQ$ ……④
③，④より，$\angle PCB = \angle QCD$ ……⑤
①，②，⑤より，2組の辺とその間の角がそれぞれ等しいから，$\triangle PBC \equiv \triangle QDC$

(2) $85°$

6 (1) $\triangle ABP$ と $\triangle DCP$ において，
仮定より，$AB = DC$ ……①
$\qquad\qquad BP = CP$ ……②
$\qquad\qquad \angle ABP = \angle DCP = 90°$ ……③

35

①，②，③より，2組の辺とその間の角がそ
れぞれ等しいから，△ABP≡△DCP
合同な図形の対応する角の大きさは等しい
から，∠APB＝∠DPC

(2) △QAB と △QCB において，
仮定より，AB＝CB ……①
　　　　　∠ABQ＝∠CBQ＝45° ……②
共通した辺だから，BQ＝BQ ……③
①，②，③より，2組の辺とその間の角がそ
れぞれ等しいから，△QAB≡△QCB
合同な図形の対応する角の大きさは等しい
から，∠BAQ＝∠BCQ
よって，∠BAP＝∠BCQ

(3) △PCR において，
∠DRC＝∠RPC＋∠PCR……①
(1)より，∠RPC＝∠DPC＝∠APB……②
(2)より，∠PCR＝∠BCQ＝∠BAP……③
①，②，③より，
∠DRC＝∠APB＋∠BAP＝180°－∠ABP
　　　＝90°
よって，DP⊥QC である。

解き方

1 (1) n 角形では，1つの頂点からひくことのできる対
角線の本数は $(n-3)$ 本である。この正多角形は
12 本の対角線をひくことができるので，
$n-3=12$　$n=15$
よって，正十五角形である。
正十五角形において，1つの外角の大きさは
$360°÷15=24°$ だから，1つの内角の大きさは，
$180°-24°=156°$

(2) 1つの内角と1つの外角の大きさの和は 180° だ
から，1つの外角の大きさを $x°$ とすると，
$x+3x=180$ より，$x=45$
よって，$360÷45=8$ より，正八角形とわかる。

2 (1) 図で，$∠a=90°-63°=27°$ だから，
$∠x=35°+27°=62°$

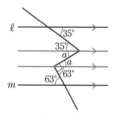

(2) 図の色のついた四角形において，

$∠a=180°-75°=105°$，$∠b=180°-25°=155°$
よって，$∠x=360°-(40°+105°+155°)=60°$

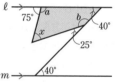

3 右の図で，AD∥BC より
平行線の同位角が等しいので，
∠EHG＝∠ECB＝71° ……①
また，∠HEG＝60° ……②
①，②より，
∠AGB＝∠EGH＝180°－(71°＋60°)＝49°

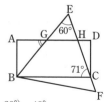

5 (2) ∠ABC＝40°，
∠ACB＝30° だから，
∠ABP＝∠PBC＝20°
∠ACP＝∠PCB＝15°
∠CPQ＝60° だから，
△PBC において，
∠BPQ＝180°－(60°＋20°＋15°)＝180°－95°＝85°

Step 3 ② 解答　　　　　p.82 ～ p.83

1 98°

2 58°

3 26°

4 540°

5 102°

6 16°

7 △EFC と △GFC において，
仮定より，∠EFC＝∠GFC＝90° ……①
共通した辺だから，FC＝FC ……②
AC は正方形 ABCD の対角線だから，
∠ECF＝∠GCF＝45° ……③
①，②，③より，1組の辺とその両端の角がそ
れぞれ等しいから，△EFC≡△GFC
合同な図形の対応する辺の長さは等しいから，
EF＝GF ……④
△AEF と △AGF において，
共通した辺だから，AF＝AF ……⑤
①より，∠AFE＝∠AFG＝90° ……⑥
④，⑤，⑥より，2組の辺とその間の角がそれ
ぞれ等しいから，△AEF≡△AGF

8 60°
〔証明〕　△ABD と △ACE において，
仮定より，

AB＝AC ……①，AD＝AE ……②
正三角形の1つの角は60°だから，
　∠BAD＝60°−∠DAC ……③
　∠CAE＝60°−∠DAC ……④
③，④より，∠BAD＝∠CAE ……⑤
①，②，⑤より，2組の辺とその間の角がそれ
ぞれ等しいから，△ABD≡△ACE
合同な図形の対応する角の大きさは等しいから，
　∠ABD＝∠ACE＝60°
よって，∠ACE＝60°

9 △ABDと△FBDにおいて，
共通した辺だから，BD＝BD ……①
仮定より，
　∠ABD＝∠FBD＝$\frac{1}{2}$∠ABC ……②
△BHDの外角より，
　∠BDA＝∠DBH＋90°＝$\frac{1}{2}$∠ABC＋90° ……③
△ABEの外角より，
　∠BEC＝∠ABE＋90°＝$\frac{1}{2}$∠ABC＋90° ……④
DF∥AC より，平行線の同位角は等しいから，
　∠BDF＝∠BEC ……⑤
③，④，⑤より，∠BDA＝∠BDF ……⑥
①，②，⑥より，1組の辺とその両端の角がそ
れぞれ等しいから，△ABD≡△FBD
よって，DA＝DF

解き方

1 右の図のように，
∠A＝∠DFE＝72°
よって，
∠B＝180°−(72°＋67°)＝41°
DE∥BC より，平行線の
同位角は等しいから，∠ADE＝∠B＝41°
折り返した角は等しいから，∠EDF＝∠ADE＝41°
したがって，∠BDF＝180°−41°×2＝98°

2 右の図で，△APRにおい
て，
64°＋(180°−2∠a)
＋(180°−2∠b)＝180°
2∠a＋2∠b＝244°
よって，∠a＋∠b＝122°
△PQRにおいて，
∠PQR＝180°−(∠a＋∠b)＝180°−122°＝58°

3 正五角形の1つの内角は
108°である。
よって，右の図で，
∠BAF＝108°−10°＝98°
ℓ∥BG より，
∠ABG＝180°−98°＝82°
よって，∠CBG＝108°−82°＝26°
したがって，∠x＝26°

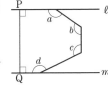

4 ℓ上に点Pをとり，mに垂
線PQをひくと，
ℓ∥m より，∠P＝∠Q＝90°
六角形の内角の和は720°で
あるから，
∠a＋∠b＋∠c＋∠d＋90°＋90°＝720°
よって，∠a＋∠b＋∠c＋∠d＝540°

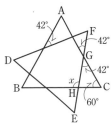

5 右の図の△CGHで
∠x＝60°＋42°＝102°

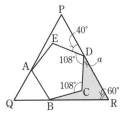

6 正三角形の1つの内角は60°，正五角形の1つの内
角は108°だから，
図で，∠a＝180°−(40°＋108°)＝32°
色のついた四角形で，∠a＋60°＋∠CBR＝108° が
成り立つから，∠CBR＝108°−60°−32°＝16°

15 いろいろな三角形

Step 1 解答
p.84〜p.85

1 (1) 44° (2) 66° (3) 32° (4) 37°

2 ∠A の二等分線をひき，BC との交点を D とする。△ABD と △ACD において，
仮定より，AB＝AC ……①
共通した辺だから，AD＝AD ……②
AD は ∠A の二等分線だから，
∠BAD＝∠CAD ……③
①，②，③より，2組の辺とその間の角がそれぞれ等しいから，△ABD≡△ACD
合同な図形の対応する角の大きさは等しいから，
∠B＝∠C

3 △ABC において，AB＝AC だから，
∠ABC＝∠ACB＝(180°−60°)÷2＝60°
よって，3つの角がすべて等しいから，△ABC は正三角形である。

4 △BDC と △CEB において，
仮定より，∠BDC＝∠CEB＝90° ……①
共通した辺だから，BC＝CB ……②
二等辺三角形の底角は等しいから，
∠BCD＝∠CBE ……③
①，②，③より，直角三角形の斜辺と1つの鋭角がそれぞれ等しいから，△BDC≡△CEB

5 △AOP と △BOP において，
仮定より，∠PAO＝∠PBO＝90° ……①
∠AOP＝∠BOP ……②
共通した辺だから，OP＝OP ……③
①，②，③より，直角三角形の斜辺と1つの鋭角がそれぞれ等しいから，△AOP≡△BOP
合同な図形の対応する辺の長さは等しいから，
PA＝PB

解き方

1 (1) ∠x＝180°−68°×2＝180°−136°＝44°
(2) ∠x＝(180°−48°)÷2＝132°÷2＝66°
(3) 三角形の内角と外角の関係より，
∠x＋∠x＝64° だから，2∠x＝64°
∠x＝64°÷2＝32°
(4) 図で，∠a＝(180°−32°)÷2＝74°
∠x＋∠x＝∠a だから，2∠x＝74°
∠x＝74°÷2＝37°

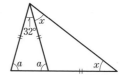

📢 ここに注意

二等辺三角形では，3つの角のうち1つの大きさがわかれば，他の2つの角の大きさを求めることができる。

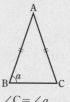

∠C＝∠a　　　∠B＝∠C
∠A＝180°−2∠a　　＝(180°−∠a)÷2

Step 2 解答
p.86〜p.87

1 (1) 70° (2) 36° (3) 56°

2 △ABH と △ACH において，
仮定より，∠AHB＝AHC＝90° ……①
AB＝AC ……②
また，AB＝AC より，
∠ABH＝∠ACH ……③
①，②，③より，直角三角形の斜辺と1つの鋭角がそれぞれ等しいから，
△ABH≡△ACH
合同な図形の対応する辺の長さは等しいから，
BH＝CH

別解 下線——部分を次のようにしてもよい。
また，共通した辺だから，AH＝AH ……③
①，②，③より，直角三角形の斜辺と他の1辺がそれぞれ等しいから，

3 △BDC と △CEB において，
共通した辺だから，BC＝CB ……①
二等辺三角形の底角は等しいから，
∠DCB＝∠EBC ……②
BD，CE はそれぞれ ∠B，∠C の二等分線だから，∠DBC＝∠ECB ……③
①，②，③より，1組の辺とその両端の角がそれぞれ等しいから，△BDC≡△CEB
合同な図形の対応する辺の長さは等しいから，
BD＝CE

別解 下線 部分を次のようにしてもよい。

△ABD と △ACE において，

仮定より，AB＝AC ……①

共通した角だから，∠BAD＝∠CAE ……②

二等辺三角形の底角は等しく，BD，CE は
それぞれ ∠B，∠C の二等分線だから，

∠ABD＝∠ACE ……③

①，②，③より，1 組の辺とその両端の角がそ
れぞれ等しいから，△ABD≡△ACE

4 △BCD と △CBE において，

仮定より，DB＝EC ……①

共通した辺だから，BC＝CB ……②

二等辺三角形の底角は等しいから，

∠CBD＝∠BCE ……③

①，②，③より，2 組の辺とその間の角がそれ
ぞれ等しいから，△BCD≡△CBE

合同な図形の対応する角の大きさは等しいから，

∠DCB＝∠EBC

すなわち，∠FCB＝∠FBC

よって，2 つの角が等しいから，△FBC は二等
辺三角形である。

5 △AEB と △BFC において，

仮定より，AB＝BC ……①

　　　　　∠AEB＝∠BFC＝90° ……②

また，∠ABE＝90°－∠FBC ……③

　　　∠BCF＝180°－90°－∠FBC

　　　　　＝90°－∠FBC ……④

③，④より，∠ABE＝∠BCF ……⑤

①，②，⑤より，直角三角形の斜辺と 1 つの鋭
角がそれぞれ等しいから，

△AEB≡△BFC

合同な図形の対応する辺の長さは等しいから，

AE＝BF

6 △ADC と △BDF において，

△ABD は ∠ABD＝45°，∠BDA＝90° より，
直角二等辺三角形だから，AD＝BD ……①

仮定より，∠ADC＝∠BDF＝90° ……②

また，∠CAD＝90°－∠AFE

　　　　　＝90°－∠BFD＝∠FBD ……③

①，②，③より，1 組の辺とその両端の角がそ
れぞれ等しいから △ADC≡△BDF

7 (1) △ABC と △CHD において，

仮定より，∠ABC＝∠CHD＝90° ……①

四角形 ACDE は正方形だから，AC＝CD ……②

また，∠ACB＝90°－∠DCH ……③

　　　∠CDH＝90°－∠DCH ……④

③，④より，∠ACB＝∠CDH ……⑤

①，②，⑤より，直角三角形の斜辺と 1 つの鋭
角がそれぞれ等しいから，△ABC≡△CHD

(2) △ABC≡△CHD より，合同な図形の対応
する辺の長さは等しいから，

BC＝DH，CH＝AB

これより，BH＝CH＋BC＝AB＋DH

解き方

1 (1) △ABC において，

∠BAC＝180°－90°－50°＝40°

△ADC において，AD＝AC，∠DAC＝40° より，

∠ADC＝(180°－40°)÷2＝70°

(2) 正五角形の 1 つの角は 540°÷5＝108° だから，

∠BAE＝108°

△ABE は AB＝AE の二等辺三角形だから，

∠x＝(180°－108°)÷2＝36°

(3) AD∥BC より，平行線の錯角は等しいので，

∠ADE＝∠EBC＝34°

△ADC は AD＝DC の二等辺三角形だから，

∠DAC＝{180°－(34°＋102°)}÷2＝22°

よって，△ADE において，

∠AEB＝22°＋34°＝56°

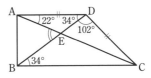

16 平行四辺形 ①

1 (1) CDA (2) CA (3) 錯角 (4) CAD (5) DCA

(6) 1 組の辺とその両端の角

2 (1) CH＝5 cm，CF＝8 cm

(2) ∠BFI＝115°，∠EIH＝65°

3 △ADE と △CBF において，

仮定より，AE＝CF ……①

平行四辺形の対辺は等しいから，AD＝CB ……②

AD∥BC より，平行線の錯角は等しいから，

∠EAD＝∠FCB ……③

①，②，③より，2 組の辺とその間の角がそれ
ぞれ等しいから，△ADE≡△CBF

4 △ABE と △CDF において，

　仮定より，∠AEB＝∠CFD＝90° ……①

　平行四辺形の対辺は等しいから，

　AB＝CD ……②

　AB∥CD より，平行線の錯角は等しいから，

　∠ABE＝∠CDF ……③

　①，②，③より，直角三角形の斜辺と１つの鋭
　角がそれぞれ等しいから，△ABE≡△CDF

　合同な図形の対応する辺の長さは等しいから，

　AE＝CF

5 (1) $x＋y＞0$ ならば $x＞0$，$y＞0$ である。

　　　正しくない　反例…$x＝2$，$y＝-1$

　(2) △ABC で，∠B＝∠C ならば，AB＝AC

　　　正しい

〔解き方〕

2 (1) 平行四辺形の対辺は等しいから，

　　　CH＝BG＝5 cm，CF＝DE＝12－4＝8 (cm)

　(2) 平行四辺形の対角は等しいから，

　　　∠BFI＝115°

　　　また，∠EIG＝115° だから，

　　　∠EIH＝180°－115°＝65°

5 (1) $x＝2$，$y＝-1$ のとき，$x＋y＞0$ であるが $x＞0$，

　　　$y＞0$ ではない。

Step 2　解答	p.90 〜 p.91

1 (1) 72°　(2) 55°　(3) 40°　(4) 76°　(5) 33°

2 △ABE と △CDF において，

　仮定より，∠ABE＝∠CDF ……①

　平行四辺形の対辺は等しいから，AB＝CD ……②

　AB∥DC より，平行線の錯角は等しいから，

　∠BAE＝∠DCF ……③

　①，②，③より，１組の辺とその両端の角がそ
　れぞれ等しいから，△ABE≡△CDF

3 △ABC と △EAD において，

　仮定より，AB＝EA ……①

　平行四辺形の対辺は等しいから，BC＝AD ……②

　①より，二等辺三角形の底角は等しいから，

　∠ABC＝∠AEC ……③

　AD∥BC より，平行線の錯角は等しいから，

　∠AEC＝∠EAD ……④

　③，④より，∠ABC＝∠EAD ……⑤

　①，②，⑤より，２組の辺とその間の角がそれ
　ぞれ等しいから，△ABC≡△EAD

---

4 △ABF と △EDF において，

　平行四辺形の対辺は等しいから，

　AB＝DC ……①

　DE は DC を折り返した辺だから，

　DE＝DC　すなわち，ED＝DC ……②

　①，②より，AB＝ED ……③

　平行四辺形の対角は等しいから，

　∠BAF＝∠BCD ……④

　∠BED は∠BCD を折り返した角だから，

　∠BED＝∠BCD

　すなわち，∠DEF＝∠BCD ……⑤

　④，⑤より，∠BAF＝∠DEF ……⑥

　対頂角は等しいから，∠AFB＝∠EFD ……⑦

　⑥，⑦より，∠ABF＝∠EDF ……⑧

　③，⑥，⑧より，１組の辺とその両端の角がそ
　れぞれ等しいから，△ABF≡△EDF

5 ウ

　（正しくないものの反例）

　ア…$x＝1$，$y＝0$

　イ…$a＝1$，$b＝3$

　エ…底辺が 2 cm，高さが 1 cm の △ABC と，

　　　底辺が 1 cm，高さが 2 cm の △DEF

〔解き方〕

1 (1) AB＝AC より，

　　　∠ACB＝54°

　　　平行四辺形のとなり合
　　　う角の和は 180° だから，

　　　∠BCD＝180°－54°＝126°

　　　よって，∠ACD＝126°－54°＝72°

　(2) EB＝EC より，

　　　∠ECB＝(180°－80°)÷2

　　　＝50°

　　　また，

　　　∠BCD＝∠BAD＝105°

　　　だから，∠ECD＝105°－50°＝55°

　(3) 平行四辺形のとなり
　　　合う角の和は 180° だ
　　　から，

　　　∠BCD＝180°－60°

　　　＝120°

　　　よって，∠DCE＝120°－25°＝95°

　　　△CDE において，

　　　∠x＝180°－(45°＋95°)＝40°

(4) AB∥DC より，平行線
の錯角は等しいから，

∠DCE＝∠BEC＝52°
また，

∠BCE＝∠DCE＝52°
よって，

∠x＝180°－52°×2＝76°

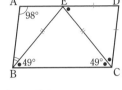

(5) 平行線の錯角は等しい
から，

∠DEC＝∠ECB
また，二等辺三角形の
底角は等しいから，右
の図の•の角の大きさはすべて等しい。

∠DCB＝∠EAB＝98° だから，

∠EBC＝∠ECB＝98°÷2＝49°

∠ABC＝180°－98°＝82° だから，

∠ABE＝82°－49°＝33°

5 それぞれの逆は次のようになる。

ア 2つの整数 x，y で，$xy＝0$ ならば，$x＝0$ である。

イ 2つの自然数 a，b で，$a＋b$ は偶数ならば，a
も b も偶数である。

ウ △ABC で，∠B＋∠C＝60° ならば，∠A＝120°
である。

エ △ABC と △DEF で，△ABC＝△DEF ならば，
△ABC≡△DEF である。

17 平行四辺形 ②

Step 1 解答	p.92〜p.93

1 (1) BF　(2) BC　(3) BF
(4) 1組の対辺が平行でその長さが等しい

2 四角形 AECF において，
仮定より，OE＝OF ……①
平行四辺形 ABCD の対角線はそれぞれの中点
で交わるから，AO＝CO ……②
①，②より，対角線がそれぞれの中点で交わる
から，四角形 AECF は平行四辺形である。

3 (1) **イ**，**カ**　(2) **ウ**，**オ**

4 △AOD と △COD において，
共通した辺だから，DO＝DO ……①
平行四辺形の対角線はそれぞれの中点で交わる
から，AO＝CO ……②
仮定より，∠AOD＝∠COD＝90° ……③

①，②，③より，2組の辺とその間の角がそ
れぞれ等しいから，△AOD≡△COD
合同な図形の対応する辺の長さは等しいか
ら，AD＝CD
ここで，平行四辺形の対辺は等しいから，
AD＝BC，AB＝CD
よって，AB＝BC＝CD＝AD となり，四角
形 ABCD はひし形である。

解き方

3 (1) ひし形の定義は「4つの辺が等しい四角形」で，
対角線の性質は「垂直に交わる」だから，**イ**ま
たは**カ**。

(2) 長方形の定義は「4つの角が等しい四角形」で，
対角線の性質は「長さが等しい」だから，**ウ**ま
たは**オ**。

Step 2 解答	p.94〜p.95

1 ㋐ CAD　㋑ DCA

2 △ABE と △CDF において，
仮定より，∠AEB＝∠CFD＝90° ……①
平行四辺形の対辺は等しいから，AB＝CD ……②
AB∥CD より，平行線の錯角は等しいから，
∠ABE＝∠CDF ……③
①，②，③より，直角三角形の斜辺と1つの鋭
角がそれぞれ等しいから，△ABE≡△CDF
合同な図形の対応する辺の長さは等しいから，
AE＝CF ……④
また，AE⊥BD，CF⊥BD より，AE∥CF ……⑤
④，⑤より，1組の対辺が平行でその長さが等
しいから，四角形 AECF は平行四辺形である。

3 △APS と △CRQ において，
仮定より，AP＝CR ……①
　　　　　　BQ＝DS ……②
平行四辺形の対辺は等しいから，AD＝CB ……③
②，③より，AS＝CQ ……④
平行四辺形の対角は等しいから，
∠PAS＝∠RCQ ……⑤
①，④，⑤より，2組の辺とその間の角がそれ
ぞれ等しいから，△APS≡△CRQ
合同な図形の対応する辺の長さは等しいから，
PS＝RQ ……㋐
次に，△BQP と △DSR において，
平行四辺形の対辺は等しいから，AB＝CD ……⑥

①, ⑥より, BP＝DR ……⑦

平行四辺形の対角は等しいから,

∠PBQ＝∠RDS ……⑧

②, ⑦, ⑧より, 2組の辺とその間の角がそれ

ぞれ等しいから, △BQP≡△DSR

合同な図形の対応する辺の長さは等しいから,

PQ＝RS ……⑦

⑦, ⑦より, 2組の対辺がそれぞれ等しいから,

四角形 PQRS は平行四辺形である。

4 39°

5 ①× ②○ ③×

6 △AEH と △BEF において,

四角形 ABCD は長方形だから,

AE＝BE, AH＝BF, ∠EAH＝∠EBF＝90°

2組の辺とその間の角がそれぞれ等しいから,

△AEH≡△BEF

合同な図形の対応する辺の長さは等しいから,

EH＝EF ……①

同様にして,

△BEF≡△CGF だから, EF＝GF ……②

△CGF≡△DGH だから, GF＝GH ……③

①, ②, ③より, EH＝EF＝GF＝GH

よって, 4つの辺が等しいので, 四角形 EFGH

はひし形である。

7 平行四辺形 ABCD において,

∠A＝∠C＝2a, ∠B＝∠D＝2b とすると,

∠A＋∠B＝180° より, 2a＋2b＝180°

a＋b＝90°

よって, ∠AGB＝∠DEC＝∠AHD＝∠BFC

＝180°－(a＋b)＝180°－90°＝90°

すなわち, ∠HGF＝∠HEF＝∠EHG＝∠EFG

したがって, 四角形 EFGH は4つの内角がす

べて 90° で等しいから, 長方形である。

解き方

4 右の図で, 四角形 ABCD はひし
形より, ∠A＝∠C＝70°
BE を延長した線と CD との交
点を F とすると, △BCF の内角
と外角の関係より,
∠BFD＝21°＋70°＝91°
よって, △DEF の内角と外角の
関係より, ∠CDE＝130°－91°＝39°

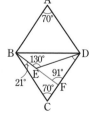

5 ①, ③ではそれぞれ次のような場合があり, 平行四

辺形とはいえない。

① ③

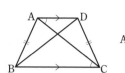 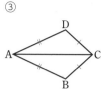

18 平行線と面積

1 (1) △BCD, △ABF, △AED
　(2) △DBE, △DBF, △DAF

2 点 Q を通り PR に平行な直線をひき, 辺 BC と
交わる点を S とすればよい。

3 $y＝-x+8$

4 32

解き方

1 (1) 平行四辺形の面積の $\frac{1}{2}$ である三角形をさがす。

　(2) BE∥AD だから, △ABE＝△DBE

　BD∥EF だから, △DBE＝△DBF

　FD∥AB だから, △DBF＝△DAF

3 平行四辺形 ABCD の面積を2等分する直線は, 平
行四辺形の対角線の交点(＝対角線 AC の中点)を通
る。A(7, 2), C(1, 6) だから, AC の中点を M と
すると, M$\left(\frac{7+1}{2}, \frac{2+6}{2}\right)$＝(4, 4)

2点 D(0, 8), M(4, 4) を通る直線の式を求めると,
$y＝-x+8$

🚨 ここに注意

> 平行四辺形 ABCD の対角線はそれぞれの中点
> で交わるので, 対角線の交点の座標を求めると
> きは, AC の中点の座標, または BD の中点の
> 座標を求めればよい。

4 右の図で,
AA′∥BB′∥OC
だから,
△OAB
＝△OAC＋△OBC
＝△OA′C＋△OB′C
＝△CA′B′
A′B′＝3－(－5)＝8, OC＝8 だから,

求める面積は，$\frac{1}{2} \times 8 \times 8 = 32$

Step 3① 解答	p.98〜p.99

1 (1) $40°$ (2) $\angle x = 100°$，$\angle y = 20°$

2 (1) △ABD と △ACE において，
仮定より，AB＝AC ……①
　　　　　BD＝CE ……②
　　　　　∠ABD＝60° ……③
AB∥EC より，平行線の錯角は等しいから，
∠ACE＝∠CAB＝60° ……④
③，④より，∠ABD＝∠ACE ……⑤
①，②，⑤より，2組の辺とその間の角がそ
れぞれ等しいから，△ABD≡△ACE
合同な図形の対応する辺の長さは等しいか
ら，AD＝AE

(2) (1)より，△ABD≡△ACE だから，
∠BAD＝∠CAE
よって，∠DAE＝∠CAE－∠CAD
　　　　　　　＝∠BAD－∠CAD＝60° ……①
AD＝AE より，二等辺三角形の底角は等し
いから，
∠ADE＝∠AED＝$(180°－60°)÷2＝60°$ ……②
①，②より，∠DAE＝∠ADE＝∠AED
よって，3つの角が等しいから，△ADE は
正三角形である。

3 △ABE と △DBE において，
仮定より，∠BAE＝∠BDE＝90° ……①
　　　　　AB＝DB ……②
共通した辺だから，BE＝BE ……③
①，②，③より，直角三角形の斜辺と他の1辺
がそれぞれ等しいから，△ABE≡△DBE
合同な図形の対応する辺の長さは等しいから，
AE＝ED ……④
また，△EDC において，
∠EDC＝90°，∠ECD＝45° より，△EDC は直
角二等辺三角形だから，ED＝DC ……⑤
④，⑤より，AE＝ED＝DC

4 △ABC，△DBC，△ADE

5 (1) $y＝-3x+6$ (2) $y＝2x-2$

6 (13，0)

解き方

1 (1) 図で，△ABC≡△DBE より，

∠ABD＝∠EBC＝∠x
AB＝DB で，DA∥BC より，
∠BAD＝∠ABC＝∠BDA＝70°
よって，∠x＝$180°-70°×2＝40°$

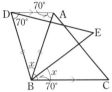

(2) 図で，四角形 ABCD は平行四辺形より，
∠ABC＝∠ADC＝$180°-30°＝150°$
よって，∠x＝$150°-50°＝100°$
∠ABE＝$360°-150°×2＝60°$ より，
∠y＝$80°-60°＝20°$

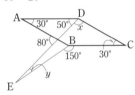

4 AB∥EC より，△ABE＝△ABC
AD∥BC より，△ABC＝△DBC
AE∥BD より，△ABE＝△ADE

5 (1) 辺 OA の中点を M とすると，M(2，0)
2点 B(1，3)，M(2，0) を通る直線の式を求める
と，$y＝-3x+6$

(2) M を通り，BC と平行な直線の式は $x＝2$
これと直線 AB との交点を D とすると，
四角形 OCDB＝△OCB＋△BCD
　　　　　　＝△OCB＋△BCM＝△BOM
よって，四角形 OCDB は △OAB の面積の $\frac{1}{2}$ に
なるから，直線 CD が求める直線である。

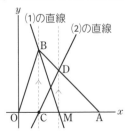

2点 A(4，0)，B(1，3) を通る直線 AB の式を求
めると，$y＝-x+4$
点 D は直線 AB 上の点で，x 座標が 2 だから，y
座標は，$y＝-2+4＝2$
2点 C(1，0)と D(2，2) を通る直線の式を求めると，
$y＝2x-2$

6 四角形 OABC と △COD の面積が等しいとき，

四角形 OABC−△OAC＝△COD−△OAC

より，△ABC＝△ADC

よって，AC∥BD となるので，点 B を通り AC に平行な直線が，x 軸と交わる点が D である。

直線 AC の傾きは，$\dfrac{4-0}{0-6}=-\dfrac{2}{3}$

直線 BD は傾きが $-\dfrac{2}{3}$ で B(4, 6) を通る直線だから，$y=-\dfrac{2}{3}x+\dfrac{26}{3}$

この式に $y=0$ を代入して，$x=13$

13>6 だから，D(13, 0)

| Step 3 ② 解答 | p.100 〜 p.101 |

1 (1) 30° (2) 4 cm

2 74°

3 △EDC と △ABC において，

仮定より，ED＝AB，EC＝AC，DC＝BC

3 組の辺がそれぞれ等しいから，

△EDC≡△ABC

合同な図形の対応する角の大きさは等しいから，

∠ECD＝∠ACB ……①

AB＝AC より，二等辺三角形の底角は等しいから，∠ABC＝∠ACB ……②

CD＝CB より，二等辺三角形の底角は等しいから，∠CDB＝∠CBD ……③

①，②，③より，∠ECD＝∠CDB

よって，錯角が等しいから，AB∥EC ……④

△CEA と △ABC において，

共通した辺だから，CA＝AC ……⑤

仮定より，CE＝AB ……⑥

④より，平行線の錯角は等しいから，

∠ACE＝∠CAB ……⑦

⑤，⑥，⑦より，2 組の辺とその間の角がそれぞれ等しいから，△CEA≡△ABC

4 仮定より，∠DCE＝∠ABC ……①

平行四辺形の対角は等しいから，

∠CDE＝∠ABC ……②

①，②より，∠DCE＝∠CDE

2 つの角が等しいから，△ECD は二等辺三角形である。

よって，EC＝ED ……③

平行四辺形の対辺は等しいから，

AD＝BC ……④

③，④より，

AE＋EC＝AE＋ED＝AD＝BC

したがって，AE＋EC＝BC

5 B と D を結び，AC と BD の交点を O とする。

△BEO と △DEO において，

仮定より，BE＝DE ……①

共通した辺だから，EO＝EO ……②

平行四辺形の対角線はそれぞれの中点で交わるから，BO＝DO ……③

①，②，③より，3 組の辺がそれぞれ等しいから，△BEO≡△DEO

合同な図形の対応する角の大きさは等しいから，∠BOE＝∠DOE

ここで，∠BOE＋∠DOE＝180° だから，

∠BOE＝∠DOE＝180°÷2＝90°

よって，四角形 ABCD は，平行四辺形で対角線が垂直に交わるから，ひし形である。

6 (1) $y=-2x+8$ (2) 6

7 (1) $\left(\dfrac{14}{3}, \dfrac{20}{3}\right)$ (2) $m=\dfrac{5}{8}$

解き方

1 (1) ∠EDF＝15°×2＝30°

(2) ∠EDF＝∠EFD＝30°

よって，∠FEC＝∠FCE

＝∠AFE＋∠A＝30°＋15°＝45°

また，∠CFB＝∠CBF

＝∠ACF＋∠A＝45°＋15°＝60°

CB＝CF より，△CFB は正三角形である。よって，

BF＝CB＝4 (cm)

2 右の図で，

AB＝BE＝BC＝CE

である。

∠ADF＝x とすると，

△ABE は二等辺三角形

より，

∠AEB＝{180°−(x−60°)}÷2＝120°−$\dfrac{1}{2}x$

また，∠ECF＝(180°−x)−60°＝120°−x

よって，∠CEF＝83°−(120°−x)＝x−37°

∠AEB＋60°＋∠CEF＝180° だから，

$\left(120°-\dfrac{1}{2}x\right)+60°+(x-37°)=180°$

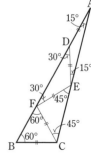

$x=74°$

別解　AB∥DC より，平行線の錯角は等しいから，
∠FAB＝∠AFD＝83°
△BAE は BA＝BE の二等辺三角形だから，
∠ABE＝180°－83°×2＝14°
∠ADF＝∠ABE＋60°＝14°＋60°＝74°

6 (2)点 P は直線 OA について点 B と同じ側にあるから，△AOB＝△AOP より，OA∥BP
直線 OA の傾きは 2 だから，直線 BP は傾きが 2 で B(5，－2) を通る直線だから，$y=2x-12$
この式に $y=0$ を代入して，$x=6$
よって，点 P の x 座標は 6

7 (1)直線 OB の傾きは 1 だから，直線 ℓ は傾きが 1 で C(2，4) を通る直線だから，
$y=x+2$ ……①
直線 AB は 2 点 A(6，0)，B(5，5) を通る直線だから，$y=-5x+30$ ……②
①，②の連立方程式を解くと，
$x=\dfrac{14}{3}$，$y=\dfrac{20}{3}$ だから，交点の座標は，
$\left(\dfrac{14}{3}，\dfrac{20}{3}\right)$

(2)(1)で求めた交点の座標を D$\left(\dfrac{14}{3}，\dfrac{20}{3}\right)$ とすると，
四角形 OABC＝△OAD である。
AD の中点の座標は $\left(\dfrac{16}{3}，\dfrac{10}{3}\right)$ で，辺 AB 上にある。
$y=mx$ がこの AD の中点を通ればよいから，
$\dfrac{10}{3}=\dfrac{16}{3}m$ より，$m=\dfrac{5}{8}$

第6章 データの活用

19　四分位範囲と箱ひげ図

Step 1　解答　　　　　　　　　p.102 ～ p.103

1 (1)7 点　(2)5.5 点　(3)8.5 点　(4)3 点

2 (1)中央値…47 cm，第 1 四分位数…43 cm，
　　第 3 四分位数…54 cm

(2)
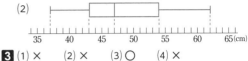

3 (1)×　(2)×　(3)○　(4)×

解き方

1 (1)中央値は小さいほうから 6 番目の値と 7 番目の値の平均値だから，7 点。

(2)第 1 四分位数は小さいほうから 3 番目の値と 4 番目の値の平均値だから，5.5 点。

(3)第 3 四分位数は小さいほうから 9 番目の値と 10 番目の値の平均値だから，8.5 点。

(4)8.5－5.5＝3（点）

2 (1)データを値の小さい順に並べかえると，
37，41，43，44，46，47，47，49，54，57，62
中央値は 6 番目の値で 47 cm，
第 1 四分位数は 3 番目の値で 43 cm，
第 3 四分位数は 9 番目の値で 54 cm である。

3 (1)A 組の範囲は，およそ 95－50＝45（点）
B 組の範囲は，およそ 90－35＝55（点）
よって，B 組の範囲のほうが大きい。

(2)四分位範囲には，全体の人数の約半数が入るから，人数の多い A 組のほうが多い。

(3)A 組は中央値が 70 点以上だから，70 点以上の生徒の人数は，全体の半数の 15 人以上である。
B 組は中央値が 60 点で，第 3 四分位数が 70 点以上だから，70 点以上の生徒の人数は，全体の $\dfrac{1}{4}$ の 5 人から，半数の 10 人の間である。よって，A 組のほうが多い。

(4)A 組は最小値が 50 点未満で，第 1 四分位数が 50 点より大きいから，50 点以下の生徒の人数は 1 人以上 7 人以下である。B 組は最小値が 50 点未満で，第 1 四分位数が 50 点より大きいから，50 点以下の生徒の人数は 1 人以上 5 人以下である。よって，A 組のほうが多いこともあり得る。

20 確率

1 (1) $\dfrac{1}{4}$　(2) $\dfrac{1}{2}$

2 (1) $\dfrac{1}{6}$　(2) $\dfrac{5}{36}$　(3) $\dfrac{5}{6}$

3 (1) $\dfrac{1}{5}$　(2) $\dfrac{6}{25}$　(3) $\dfrac{16}{25}$

4 (1) $\dfrac{2}{5}$　(2) $\dfrac{1}{10}$　(3) $\dfrac{2}{5}$

5 (1) $\dfrac{3}{10}$　(2) $\dfrac{2}{5}$　(3) $\dfrac{3}{5}$

解き方

1 (1) 右のように樹形図で表すと，A，Bの表裏の出方は，全部で4通りある。

このうち，2枚とも表であるのは
(表−表)の1通りだから，確率は $\dfrac{1}{4}$

```
A     B
表 ＜ 表
     裏
裏 ＜ 表
     裏
```

(2) (表−裏)と(裏−表)の2通りあるから，
確率は $\dfrac{2}{4}=\dfrac{1}{2}$

2 表より，大小2つのさいころの目の出方は，
$6\times6=36$（通り）

大／小	1	2	3	4	5	6
1	(1, 1)	(1, 2)	(1, 3)	(1, 4)	(1, 5)	(1, 6)
2	(2, 1)	(2, 2)	(2, 3)	(2, 4)	(2, 5)	(2, 6)
3	(3, 1)	(3, 2)	(3, 3)	(3, 4)	(3, 5)	(3, 6)
4	(4, 1)	(4, 2)	(4, 3)	(4, 4)	(4, 5)	(4, 6)
5	(5, 1)	(5, 2)	(5, 3)	(5, 4)	(5, 5)	(5, 6)
6	(6, 1)	(6, 2)	(6, 3)	(6, 4)	(6, 5)	(6, 6)

(1) 同じ目が出るのは，表の　　の6通りだから，
確率は $\dfrac{6}{36}=\dfrac{1}{6}$

(2) 同様に，目の和が8になるのは，表の＿＿の5通りあるので，確率は $\dfrac{5}{36}$

(3) 違った目が出る確率＝1−同じ目が出る確率
だから，求める確率は，$1-\dfrac{1}{6}=\dfrac{5}{6}$

3 **2** と同様に考えると，2枚のカードの取り出し方は，$5\times5=25$（通り）

(1) 2回とも同じ数字になるのは，
(1回目，2回目)＝(1, 1)，(2, 2)，(3, 3)，(4, 4)，(5, 5)の5通りあるから，
確率は $\dfrac{5}{25}=\dfrac{1}{5}$

(2) 2つの数の和が8以上になるのは，
(1回目，2回目)＝(3, 5)，(4, 4)，(4, 5)，(5, 3)，(5, 4)，(5, 5)の6通りあるから，
確率は $\dfrac{6}{25}$

(3) 2つの数の積は偶数または奇数であるが，積が奇数になる場合は，2つの数が共に奇数のときに限られるので，積が偶数になる場合よりも少ない。
積が奇数になるのは，
(1回目，2回目)＝(1, 1)，(1, 3)，(1, 5)，(3, 1)，(3, 3)，(3, 5)，(5, 1)，(5, 3)，(5, 5)の9通りあるから，積が奇数になる確率は，$\dfrac{9}{25}$

よって，積が偶数になる確率は，
$1-\dfrac{9}{25}=\dfrac{16}{25}$

別解　1回目に奇数のカードを取り出す場合が3通り，2回目に奇数のカードを取り出す場合が3通りあるから，積が奇数になるのは，
$3\times3=9$（通り）

よって，積が奇数になる確率は $\dfrac{9}{25}$ だから，積が偶数になる確率は，
$1-\dfrac{9}{25}=\dfrac{16}{25}$

4 あたりくじ2本を@，ⓑ，はずれくじ3本を c，d，e として樹形図に表すと次のようになる。
A，Bのくじのひき方は全部で20通りある。

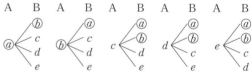

(1) @−ⓑ，@−c，@−d，@−e，ⓑ−@，ⓑ−c，ⓑ−d，ⓑ−e の8通りあるから，
確率は $\dfrac{8}{20}=\dfrac{2}{5}$

(2) @−ⓑ，ⓑ−@の2通りあるから，
確率は $\dfrac{2}{20}=\dfrac{1}{10}$

(3) @−ⓑ，ⓑ−@，c−@，c−ⓑ，d−@，d−ⓑ，e−@，e−ⓑ の8通りあるから，
確率は $\dfrac{8}{20}=\dfrac{2}{5}$

5 2個の白球を①，②，3個の赤球を❸，❹，❺とする。同時に2個の球を取り出すときの取り出し方は，次のように全部で10通りある。

①−②　①−❸　①−❹　①−❺
②−❸　②−❹　②−❺
❸−❹　❸−❺
❹−❺

(1) ❸−❹，❸−❺，❹−❺の3通りあるから，
確率は $\dfrac{3}{10}$

(2) ①−②，❸−❹，❸−❺，❹−❺ の4通りある
から，確率は $\dfrac{4}{10}=\dfrac{2}{5}$

(3) (2)より，確率は $1-\dfrac{2}{5}=\dfrac{3}{5}$

<table>
<tr><td colspan="2">Step 2　解答</td><td>p.106 〜 p.107</td></tr>
</table>

1 (1) $\dfrac{7}{8}$　(2) $\dfrac{3}{10}$

2 (1) $\dfrac{5}{36}$　(2) $\dfrac{1}{3}$

3 $\dfrac{3}{8}$

4 $\dfrac{1}{4}$

5 (1) $\dfrac{3}{5}$　(2) $\dfrac{1}{5}$

6 $\dfrac{3}{5}$

7 $\dfrac{1}{3}$

8 $\dfrac{7}{36}$

解き方

1 (1) 次のように樹形図で表すと，A　B　C
A，B，Cの表裏の出方は，
全部で8通りある。このう
ち，3枚とも表が出るのは
(表−表−表)の1通りだか
ら，その確率は $\dfrac{1}{8}$

(表−表−表)以外の場合，
少なくとも1枚は裏が出るので，その確率は，
$1-\dfrac{1}{8}=\dfrac{7}{8}$

(2) 次のように，選び方は全部で10通りある。

A−B−C　　A−B−D　　A−B−E
A−C−D　　A−C−E　　A−D−E
B−C−D　　B−C−E　　B−D−E
C−D−E

BとCが2人とも選ばれるのは ▨ の3通りだ
から，確率は $\dfrac{3}{10}$

2 (1) 下の表1より，確率は $\dfrac{5}{36}$

(2) 目の数の和が2，3，4，6，12になればよいから，
下の表2より，確率は $\dfrac{12}{36}=\dfrac{1}{3}$

(表1)　　　　　　　(表2)

小＼大	1	2	3	4	5	6
1						
2				○		
3						
4		○		○		○
5						
6				○		

小＼大	1	2	3	4	5	6
1	○	○	○		○	
2	○	○				
3	○		○			
4		○				
5	○					
6						○

3 あたりくじを❶，❷，❸，はずれくじを④，⑤，⑥，
⑦，⑧とする。樹形図に表すと次のようになる。
A，Bのくじのひき方は全部で56通りある。

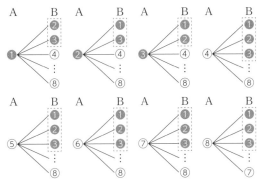

このうち，Aがあたって，Bもあたる場合は，
2×3＝6(通り)
Aがはずれて，Bがあたる場合は，
3×5＝15(通り)
合わせて 6＋15＝21(通り) あるから，
確率は $\dfrac{21}{56}=\dfrac{3}{8}$

別解　次のように計算で求めてもよい。
Aのくじのひき方は8通り。
Aはひいたくじをもとにもどさないので，Bのく
じのひき方は，8−1＝7(通り)
よって，A，Bのくじのひき方は全部で，
8×7＝56(通り)
Aのあたりくじのひき方は3通り。
Aがあたりくじをひいた後のBのあたりくじのひ
き方は，3−1＝2(通り)
よって，Aがあたって，Bもあたる場合は，
3×2＝6(通り)

A のはずれくじのひき方は 5 通り。

A がはずれくじをひいた後の B のあたりくじのひき方は、3 通り。

よって、A がはずれて、B があたる場合は、

5×3＝15（通り）

合わせて 6＋15＝21（通り）あるから、

確率は $\dfrac{21}{56}＝\dfrac{3}{8}$

4 次のように、できる 2 けたの整数は、全部で 12 通りある。

12, 13, 14, 21, 23, 24,
31, 32, 34, 41, 42, 43

このうち 4 の倍数は ▢ の 3 通りあるから、確率は $\dfrac{3}{12}＝\dfrac{1}{4}$

5（1）3 個の白玉を①、②、③、3 個の赤玉を④、⑤、⑥とする。同時に 2 個の玉を取り出すときの取り出し方は、次のように全部で 15 通りある。

①－② ①－③ ①－④ ①－⑤ ①－⑥
②－③ ②－④ ②－⑤ ②－⑥ ③－④
③－⑤ ③－⑥ ④－⑤ ④－⑥ ⑤－⑥

このうち、1 個が赤玉、1 個が白玉である場合は ▢ の 9 通りあるから、確率は $\dfrac{9}{15}＝\dfrac{3}{5}$

（2）1 個の赤玉を❶、2 個の白玉を②、③、3 個の青玉を❹、❺、❻とする。(1)と同様に全部で 15 通りある取り出し方のうち、2 個とも青玉であるのは、❹－❺、❹－❻、❺－❻の 3 通りだから、

確率は $\dfrac{3}{15}＝\dfrac{1}{5}$

6 ダイヤのカードを左から a, b, c、スペードのカードを左から ⓓ, ⓔ とする。2 枚のカードの選び方は、次のように全部で 10 通りある。

$a－b$　$a－c$　$a－ⓓ$　$a－ⓔ$　$b－c$
$b－ⓓ$　$b－ⓔ$　$c－ⓓ$　$c－ⓔ$　$ⓓ－ⓔ$

ダイヤとスペードが 1 枚ずつなのは、

▢ の 6 通りだから、確率は $\dfrac{6}{10}＝\dfrac{3}{5}$

7 1, 2, 3 の番号の箱に入るカードの数字の組み合わせは、

(1 の箱, 2 の箱, 3 の箱)＝(1, 2, 3), (1, 3, 2),
(2, 1, 3), (2, 3, 1), (3, 1, 2), (3, 2, 1) の
6 通りある。箱の番号とカードの数字がどれも一致しないのは、▢ の 2 通りだから、

確率は $\dfrac{2}{6}＝\dfrac{1}{3}$

8 P, Q が同じ頂点にくるようなさいころの目の出方は、(大, 小)＝(1, 5), (2, 1), (2, 6), (3, 2), (4, 3), (5, 4), (6, 5) の 7 通り。

よって、確率は $\dfrac{7}{36}$

Step 3　解答　　　　　　　　p.108 ～ p.109

1（1）$\dfrac{1}{6}$（2）$\dfrac{7}{18}$

2（1）$\dfrac{1}{5}$（2）$\dfrac{2}{5}$

3（1）$\dfrac{1}{2}$（2）$\dfrac{1}{4}$

4（1）$\dfrac{1}{3}$（2）① $\dfrac{7}{36}$　② $\dfrac{7}{36}$（3）$\dfrac{43}{216}$

解き方

1（1）さいころの目の数の和が 10, 11, 12 になる場合だから、(大, 小)＝(4, 6), (5, 5), (5, 6), (6, 4), (6, 5), (6, 6) の 6 通りある。

よって、確率は $\dfrac{6}{36}＝\dfrac{1}{6}$

（2）小さいさいころの目の数が 2, 4, 6 で、目の数の和が 6 以上になる場合だから、次の表で○をつけた 14 通りである。

よって、確率は $\dfrac{14}{36}＝\dfrac{7}{18}$

大\小	1	2	3	4	5	6
1						
2				○	○	○
3						
4		○	○	○	○	○
5						
6	○	○	○	○	○	○

2（1）2 つの玉の取り出し方は、次のように全部で 15 通りある。

A－B　A－C　A－D　A－E　A－F
B－C　B－D　B－E　B－F　C－D
C－E　C－F　D－E　D－F　E－F

このうち、面積を 2 等分する取り出し方は、▢ の 3 通りである。

よって、確率は $\dfrac{3}{15}＝\dfrac{1}{5}$

（2）A を除いて 5 個の玉から 2 個取り出すときの取り出し方は、(1)の A の部分を除いて、

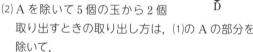

48

15−5＝10（通り）

このうち，この2個の玉が示す頂点とAを結んでできる二等辺三角形は，△ABF，△ACE，△ABC，△AEFの4通りである。

よって，確率は $\dfrac{4}{10}=\dfrac{2}{5}$

3 樹形図に表して考える。

(1)

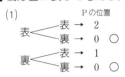

よって，確率は $\dfrac{2}{4}=\dfrac{1}{2}$

(2)

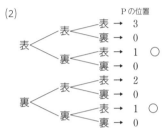

よって，確率は $\dfrac{2}{8}=\dfrac{1}{4}$

4 (1) 1または6の目が出たときだから，

確率は $\dfrac{2}{6}=\dfrac{1}{3}$

(2) ①和が6または11になるときだから，下の表1のように7通りある。

②和が4または9になるときだから，下の表2のように7通りある。

(表1)

大\小	1	2	3	4	5	6
1					○	
2				○		
3			○			
4		○				
5	○					○
6					○	

(表2)

大\小	1	2	3	4	5	6
1			○			
2		○				
3	○					○
4				○		
5			○			
6		○				

よって，確率は①，②共に $\dfrac{7}{36}$

(3) さいころを3回ふったとき，目の数の出方は，

$6×6×6＝216$（通り）

Pさんが頂点Aにいるのは，3回の目の数の和が5，10，15になる場合である。

・目の数の和が5になる場合

(1, 1, 3), (1, 2, 2), (1, 3, 1), (2, 1, 2), (2, 2, 1), (3, 1, 1)の6通り

・目の数の和が10になる場合

(1, 3, 6), (1, 4, 5), (1, 5, 4), (1, 6, 3), (2, 2, 6), (2, 3, 5), (2, 4, 4), (2, 5, 3), (2, 6, 2), (3, 1, 6), (3, 2, 5), (3, 3, 4), (3, 4, 3), (3, 5, 2), (3, 6, 1), (4, 1, 5), (4, 2, 4), (4, 3, 3), (4, 4, 2), (4, 5, 1), (5, 1, 4), (5, 2, 3), (5, 3, 2), (5, 4, 1), (6, 1, 3), (6, 2, 2), (6, 3, 1)の27通り

・目の数の和が15になる場合

(3, 6, 6), (4, 5, 6), (4, 6, 5), (5, 4, 6), (5, 5, 5), (5, 6, 4), (6, 3, 6), (6, 4, 5), (6, 5, 4), (6, 6, 3)の10通り

合わせると，$6＋27＋10＝43$（通り）あるから，

確率は $\dfrac{43}{216}$

総仕上げテスト

p.110 〜 p.112

❶ (1) $-24a^2b$　(2) $\dfrac{x-y}{6}$　(3) $x=-1,\ y=4$

(4) $a=\dfrac{1-3b}{2}$

❷ (1) $a=\dfrac{9}{5}$　(2) $\dfrac{1}{3}$　(3) $a=3,\ b=-2$

(4) $a=12,\ b=0$

❸ (1) $22°$　(2) $140°$

❹ △ADF と △BFE において，

仮定より，BC＝BF ……①

AB＝CE ……②

①，②より，BF－AB＝BC－CE

すなわち，AF＝BE ……③

また，平行四辺形の対辺は等しいから，

BC＝AD……④

①，④より，AD＝BF ……⑤

さらに，AD∥BC より，平行線の同位角は等

しいから，∠FAD＝∠EBF ……⑥

③，⑤，⑥より，2組の辺とその間の角がそれ

ぞれ等しいから，

△ADF≡△BFE

❺ (1) $(2,\ 2)$　(2) $\dfrac{3}{2}$

❻ (1) $(3x+y)$ 人

(2) ① $\begin{cases} y=3x-100 \\ 260x+410\times2x+760y+550(3x+y)\times0.8=150000 \end{cases}$

② $x=45,\ y=35$

❼ (1)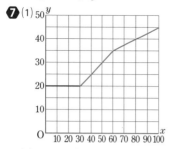

(2) 80 冊以上

解き方

❶ (1) $(-3a)^2\div6ab\times(-16ab^2)$

$=-\dfrac{9a^2\times16ab^2}{6ab}=-24a^2b$

(2) $\dfrac{1}{2}(3x-y)-\dfrac{4x-y}{3}$

$=\dfrac{3(3x-y)-2(4x-y)}{6}$

$=\dfrac{9x-3y-8x+2y}{6}=\dfrac{x-y}{6}$

(3) 上の式を①，下の式を②とする。

①を②に代入して，

$6x-4(x+2)=-10$　$2x=-2,\ x=-1$

これを①に代入して，$y=4(-1+2)=4$

(4) $2a+3b=1$ より，$2a=1-3b$　$a=\dfrac{1-3b}{2}$

❷ (1) $y=-\dfrac{3}{2}x+5$ に $y=0$ を代入して，

$0=-\dfrac{3}{2}x+5$　$x=\dfrac{10}{3}$

直線 $y=ax-6$ が点 $\left(\dfrac{10}{3},\ 0\right)$ を通ることから，

$0=\dfrac{10}{3}a-6$　$a=\dfrac{9}{5}$

(2) $a+b=3$ になるのは，

$(a,\ b)=(1,\ 2),\ (2,\ 1)$ の 2 通り。

$a+b=6$ になるのは，

$(a,\ b)=(1,\ 5),\ (2,\ 4),\ (3,\ 3),\ (4,\ 2),\ (5,\ 1)$

の 5 通り。

$a+b=9$ になるのは，

$(a,\ b)=(3,\ 6),\ (4,\ 5),\ (5,\ 4),\ (6,\ 3)$ の 4 通り。

$a+b=12$ になるのは，

$(a,\ b)=(6,\ 6)$ の 1 通り。

合わせると $2+5+4+1=12$（通り）だから，

確率は $\dfrac{12}{36}=\dfrac{1}{3}$

(3) それぞれの方程式に $x=1,\ y=3$ を代入すると，

$5a+3b=3a$　$2a+3b=0$ ……①

$b+6=a+1$　$a-b=5$ ……②

①，②の連立方程式を解いて，$a=3,\ b=-2$

(4) $1\leqq x\leqq4$ において，

関数 $y=\dfrac{a}{x}$ の y の変域は，$\dfrac{a}{4}\leqq y\leqq a$

関数 $y=3x+b$ の y の変域は，$3+b\leqq y\leqq12+b$

これらが一致するとき，$\dfrac{a}{4}=3+b$ ……①，

$a=12+b$ ……② が成り立つ。

①，②の連立方程式を解いて，$a=12,\ b=0$

❸ (1) 図で，AB＝AC より，

∠a＝$(180°-42°)\div2=69°$ だから，

∠b＝$180°-(47°+69°)=64°$

平行線の錯角は等しいから，∠x＋42°＝∠b

よって，∠x＝$64°-42°=22°$

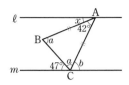

(2) ∠ACE は ∠ACB を折り返した角だから，

　∠ACB＝∠ACE＝20°

　平行線の錯角は等しいから，

　∠CAD＝∠ACB＝20°

　よって，∠x＝180°−20°×2＝140°

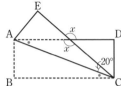

❺ (1) 点 E の x 座標は点 B の x 座標と等しく 2 だから，

　y 座標は，$y＝\dfrac{1}{2}×2+1＝2$

　よって，E(2，2)

(2) AB＝(A の y 座標)＝$2a+1$ で，AB＝AD だから，

　AD＝$2a+1$

　よって，点 D の x 座標は，$2+2a+1＝2a+3$

　D は直線②上にあるので，D($2a+3$，$2a+1$) を

　$y＝\dfrac{1}{2}x+1$ に代入して，$a＝\dfrac{3}{2}$

❻ (1) 中学生と高校生の入館者の合計は $2x$ 人だから，

　$x+2x+y＝3x+y$（人）

(2) ① 大人の入館者数は小学生，中学生，高校生の

　　入館者数の合計よりも 100 人少ないことから，

$y＝3x−100$　……⑦

入館料とおみやげの売り上げを合わせた金額か

ら，

$260x+410×2x+760y+550(3x+y)×0.8$

$＝150000$　……①

②①を整理すると，$2x+y＝125$　……⑦

⑦を⑦に代入して，$2x+(3x−100)＝125$

$x＝45$

これを⑦に代入して，$y＝3×45−100＝35$

❼ (1) 5000 円は $\dfrac{1}{2}$ 万円，2500 円は $\dfrac{1}{4}$ 万円である。

　$30 \leqq x \leqq 60$ のとき，

　$y＝20+\dfrac{1}{2}(x−30)$ より，$y＝\dfrac{1}{2}x+5$

　60 冊作成するのにかかる費用は，

　$\dfrac{1}{2}×60+5＝35$（万円）

　よって，$60 \leqq x \leqq 100$ のとき，

　$y＝35+\dfrac{1}{4}(x−60)$ より，$y＝\dfrac{1}{4}x+20$

　それぞれの変域に分けて，グラフをかく。

(2) 1 冊あたりの作成費用が 5000 円になるときの y

　と x の関係は，$y÷x＝\dfrac{1}{2}$　$y＝\dfrac{1}{2}x$

　よって，(1)でかいたグラフと，$y＝\dfrac{1}{2}x$ のグラフ

　の交点の x 座標は 80 だから，1 冊あたりの作成

　費用が 5000 円以下となるのは，80 冊以上のとき

　だとわかる。